실기시험문제 출제위원,
실기시험 감독위원,
실기시험 합격자

국가자격 전문가 공동집필로 합격 적중

NCS 기반
한국산업인력공단에서
시행하는 국가자격 미용사
메이크업실기
2017 최신개정판

미용사 메이크업 실기

강대영 이수희 김가나

Make up Art- ist

솔과학

 **이 책을 펴내며…**

뷰티산업은 지속적인 발전을 거듭해오면서 보다 더 세분화되어 이제는 NCS를 기반으로한 미용사 일반, 피부, 메이크업, 네일 국가자격 검정이 진행되고 있습니다. 이에 따라 2016년 7월 미용사 메이크업 실기시험 출제기준을 반영하고, 수정 보완된 내용을 추가하여 교재를 집필하게 되었습니다.

뷰티살롱의 현장감있는 과제로 시행되는 미용사 메이크업 실기시험을 대비하여 방송, 무대분장, 웨딩, 미용관련 교육현장의 전문가들의 노하우를 전수하고자 합격을 위한 알찬 정보와 정확한 테크닉을 제공하기 위해 활용도 높은 가이드북으로 구성하였습니다.

본 교재는 자세한 설명과 선명하고 큰 사진을 통해 쉽게 이해하고 연습할 수 있도록 노력하였습니다. 대학과 학원 현장 실무에서 미용인의 꿈을 키우는 이들과 수험생들이 기술향상과 자격증 합격을 위해 조금이나마 도움이 되었으면 합니다.

끝으로 이 책을 집필하는데 도움을 주신 모든 분들께 감사의 말씀을 드립니다.

저자 일동

CONTENTS

- 이 책을 펴내며 4
- NCS 소개 8

Part 0   **자격시험 안내** 14

Part 1   **뷰티메이크업**

01 뷰티 메이크업 42

02 뷰티 메이크업의 세부과제
     세부과제 1. 웨딩(로맨틱) 56
     세부과제 2. 웨딩(클래식) 65
     세부과제 3. 한복 75
     세부과제 4. 내추럴 85

Part 2   **시대 메이크업**

01 시대 메이크업 96

02 시대 메이크업의 세부과제
     세부과제 1. 1930년대 그레타가르보 97
     세부과제 2. 1950년대 마릴린 먼로 107
     세부과제 3. 1960년대 트위기 117
     세부과제 4. 1970~80년대 펑크 126

Part 3 캐릭터 메이크업

01 캐릭터 메이크업 138

02 캐릭터 메이크업의 세부과제
　　세부과제 1. 레오파드 139
　　세부과제 2. 한국무용 149
　　세부과제 3. 발레 160
　　세부과제 4. 노역 170

Part 4 속눈썹 익스텐션 및 수염

01 속눈썹 익스텐션 182
　　세부과제 1. 속눈썹 익스텐션(왼쪽) 185
　　세부과제 2. 속눈썹 익스텐션(오른쪽) 192

02 미디어 익스텐션(수염) 198
　　세부과제 1. 미디어 익스텐션(수염) 199

NCS 소개

● **국가직무능력표준 (NCS)**

국가직무능력표준(NCS, National Competency Standards)은 산업현장에서 직무를 수행하기 위해 요구되는 지식·기술·태도 등의 내용을 산업현장에서 성공적으로 수행 할 수 있도록 산업 부문별, 수준별로 체계화 하여 국가적 차원에서 표준화한 것을 의미한다.

● **NCS 학습모듈**

국가직무능력표준(NCS)이 현장의 '직무 요구서'라고 한다면, NCS학습 모듈은 NCS의 능력 단위를 교육훈련에서 학습할 수 있도록 '교수·학습 자료'이다. NCS 학습모듈은 산업계에서 요구하는 직무능력을 교육훈련 현장에 활용할 수 있도록 성취목표와 학습의 방향을 명확히 제시하는 가이드 라인의 역할과 각 교육기관에서 표준교재로 활용하여 구체적 직무를 학습할 수 있도록 이론 및 실습과 관련된 내용을 상세하게 제시하고 있다.

● **'메이크업' NCS 학습모듈**

1. NCS '메이크업' 직무 정의

메이크업은 특정한 상황과 목적에 맞는 이미지, 캐릭터 창출을 목적으로 이미지 분석, 디자인, 메이크업, 뷰티 코디네이션, 후속관리 등을 실행함으로써 얼굴·신체를 연출하고 표현하는 일이다.

2. '메이크업' NCS 학습모듈 검색(www.ncs.go.kr)

분류체계				NCS 학습모듈	
대분류	중분류	소분류	세분류 (직무)		
이용 · 숙박 · 여행 · 오락 · 스포츠	이 · 미용	이 · 미용 서비스	메이크업	1. 메이크업 위생관리 3. 기본 메이크업 5. 미디어 메이크업 7. 특수효과 메이크업 9. 스킨 아트 메이크업 11. 메이크업 경영관리 13. 퍼스널 이미지 제안 15. 메이크업 기초화장품 사용 17. 색조 메이크업 19. 속눈썹 연장 21. 웨딩 이미지 제안 23. 본식 웨딩 메이크업 25. 광고 메이크업 27. 무대공연 스트레이트 메이크업 29. 스페셜이펙트 메이크업 디자인 31. 실리콘 스페셜이펙트 메이크업 준비 33. 판타지 메이크업 35. 에어브러쉬 메이크업 37. 스킨아트 메이크업 39. 메이크업 트랜드 홍보 41. 응용 메이크업 43. 이용 메이크업 45. 메이크업 숍 운영 관리	2. 메이크업 디자인 개발 4. 웨딩 메이크업 6. 무대 공연 메이크업 8. 아트 메이크업 10. 메이크업 트렌드 개발발 12. 메이크업 카운 슬링 14. 메이크업 디자인 일러스트레이션 16. 베이스 메이크업 18. 속눈썹 연출 20. 뷰티 스타일링 22. 리허설 웨딩 메이크업 24. 영화 드라마 메이크업 26. 미디어 캐릭터 메이크업 28. 무대공연 캐릭터 메이크업 30. 스페셜이펙트 메이크업 슬랩부착 32. 촬영현장 스페셜이펙트 메이크업 준비 34. 바디페인팅 36. 스킨아트문양 디자인 38. 메이크업 트랜드 개발 40. 메이크업 고객 서비스 42. 트랜드 메이크업 44. 메이크업 트렌드 개발

3. 환경분석

구분	첨부파일
환경분석	

① 산업현장 직무능력수준

직능수준 \ 세분류	03. 메이크업
Ⅰ (직무경험 : 1년 이하)	메이크업 견습생
Ⅱ (직무경험 : 1~3년)	메이크업 어시스턴트
Ⅲ (직무경험 : 3~5년)	초급 메이크업 디자이너
Ⅳ (직무경험 : 4~8년)	메이크업 디자이너
Ⅴ (직무경험 : 5~10년)	메이크업 디자인 전문
Ⅵ (직무경험 : 6년 이상)	메이크업 아티스트

※ 참고사항

미용기술직의 특성상 직능수준 Ⅲ이상 부터는 기술습득력에 관한 개인차로 인하여 직무경험으로 정확히 구분하기 어렵다.(예를 들어 5년 직무경험에 메이크업 아티스트가 되는 사례도 있다.)

② 산업현장 직무능력수준

소분류	세분류	관련사업	사업체수	종사자수
1. 이·미용 서비스	03. 메이크업	미용실내 숍인숍 및 웨딩관련 사업과 프리랜서 등	5,201개	9,832명

※ 자료출처· 한국보건산업진흥원, 뷰티산업 정책제도조사분석(2012)

③ **직업정보**

세분류	03.메이크업	
직업명	메이크업아티스트	분장사
종사자수	6,143명	
종사현황 / 연령	20대 : 41% 30대 : 40% 40대 : 15% 50대 : 4%	20대 : 40% 30대 : 40% 40대 : 14% 50대 : 6%
종사현황 / 임금(중위값)	평균 : 2,300만원	평균 : 2,300만원
종사현황 / 학력	고졸이하 : 35% 전문대졸 : 40% 대 졸 : 19% 대학원졸 : 6%	고졸이하 : 21% 전문대졸 : 43% 대 졸 : 26% 대학원졸 : 10%
종사현황 / 성비	남성 : 6% 여성 : 94%	남성 : 27% 여성 : 73%
종사현황 / 근속년수	평균 : 2.7년	
관련자격	민간자격증 1~3급	

※ 자료출처: 워크넷(http://www.work.go.kr)의 직업정보

자격 현황 분석

① 국가기술자격 현황

중분류	소분류	등급	종목	취득자수(명)	
				2016년 응시자수	합격자수
1. 이·미용	1. 이·미용 서비스	기능사	메이크업	10,472명	총4,943명 (남자111명, 여자 4,853명)

※ 참고사항 : 2016년 국가자격제도 변경으로 기능사인'미용사(일반)'자격에서 미용사(메이크업)으로 분리·신설되었다.

4. 활용패키지(평생경력개발경로·훈련기준·출제기준)

① 평생경력개발경로

구분	첨부파일
경력개발경로 모형	
직무기술서	
체크리스트	
자가진단도구	

② 훈련기준(시안)

훈련기준(시안)은 NCS개발 당시 작성된 초안으로, 훈련기관에서 활용할 수 있는 훈련기준은 NCS홈페이지 자료실-훈련기준에서 확인하실 수 있습니다.

구분	첨부파일
훈련기준	

③ 출제기준(시안)

구분	첨부파일
출제기준	

※ 자료출처 : 국가직무능력표준 (www.ncs.go.kr)

자격시험 안내

Part 0

국가자격 미용사 메이크업(Make up Artist) 실기시험 안내

❶ 개요

메이크업에 관한 숙련기능을 가지고 현장업무를 수용할 수 있는 능력을 가진 전문기능인력을 양성하고자 자격제도를 제정

❷ 수행직무

특정한 상황과 목적에 맞는 이미지, 캐릭터 창출을 목적으로 이미지분석, 디자인, 메이크업, 뷰티코디네이션, 후속관리 등을 실행함으로서 얼굴·신체를 표현하는 업무 수행

❸ 진로 및 전망

메이크업아티스트, 메이크업강사, 화장품 관련 회사, 메이크업 미용업 창업, 고등기술학교 등

❹ 시험정보

① 시행처 : 한국산업인력공단
② 훈련기관 : 직업전문학교 및 여성발전센터 미용 과정, 미용학원 등
③ 시험과목
   – 필기 : 1. 메이크업개론, 2. 공중위생관리학, 3. 화장품학
   – 실기 : 메이크업 미용실무
④ 검정방법
   – 필기 : 객관식 4지 택일형(60문항)
   – 실기 : 작업형(2시간 30분정도)
⑤ 합격기준 : 필기·실기 100점을 만점으로 60점
⑥ 시험수수료 : 필기 11,900원 / 실기 17,200원

❺ 출제경향

– 고객의 나이, 얼굴형, 피부색, 체형, 피부건상상태 및 미용관리 부위의 정보를 파악 분석하여 고객상황에 맞는 이미지를 제안하고, 시술절차에 따른 각종 화장품 및 도구선택, 장비사용의 업무 숙련도 평가
– 얼굴·신체를 아름답게 하거나 특정한 상황과 목적에 맞는 이미지분석, 디자인, 메이크업, 뷰티코디네이션, 후속관리 등을 실행하기 위한 적절한 관리법과 메이크업 도구, 기기 및 제품 사용법 등 메이크업 관련 업무의 숙련도 평가

❻ 시험 일정

구분	필기원서접수 (인터넷)	필기시험	필기합격 (예정자)발표	실기원서접수	실기시험	최종합격자 발표일
2017년 정기 기능사 1회	2017.01.04 ~ 2017.01.10	2017.01.14 ~ 2017.01.22	시행당일	2017.02.06 ~ 2017.02.09	2017.03.11~ 2017.03.25	2017.03.31
2017년 정기 기능사 2회	2017.03.08 ~ 2017.03.14	2017.03.25 ~ 2017.04.02	시행당일	2017.04.17 ~ 2017.04.20	2017.05.20~ 2017.06.02	2017.06.09
2017년 정기 기능사	산업수요 맞춤형 고등학교 및 특성화 고등학교 필기시험 면제자 검정 ※ 일반인 필기시험 면제자 응시 불가			2017.04.24 ~ 2017.04.27	2017.06.03~ 2017.06.11	2017.06.23
2017년 정기 기능사 3회	2017.05.24 ~ 2017.05.30	2017.06.10 ~ 2017.06.18	시행당일	2017.07.24 ~ 2017.07.27	2017.09.09~ 2017.09.22	2017.09.29
2017년 정기 기능사 4회	2017.08.10 ~ 2017.08.16	2017.08.26 ~ 2017.09.03	시행당일	2017.10.23 ~ 2017.10.26	2017.11.25~ 2017.12.08	2017.12.15

1. 원서접수시간은 원서접수 첫날 09:00부터 마지막 날 18:00까지 임.
2. 필기시험 합격예정자 및 최종합격자 발표시간은 해당 발표일 09:00임.

※ 자료출처 : 큐넷 (www.q-net.or.kr)

출제기준(필기)

직무분야	이용·숙박·여행·오락·스포츠	중직무분야	이용·미용	자격종목	미용사(메이크업)	적용기간	2016. 7. 1. ~ 2020. 12. 31.

■ 직무내용 : 얼굴·신체를 아름답게 하거나 특정한 상황과 목적에 맞는 이미지분석, 디자인, 메이크업, 뷰티코디네이션, 후속관리 등을 실행하기 위해 적절한 관리법과 도구, 기기 및 제품을 사용하여 메이크업을 수행하는 직무

필기검정방법	객관식	문제수	60	시험시간	1시간

필기과목명	문제수	주요항목	세부항목	세세항목
메이크업개론, 공중위생관리학, 화장품학	60	1. 메이크업 개론	1. 메이크업의 이해	1. 메이크업의 정의 및 목적 2. 메이크업의 기원 및 기능 3. 메이크업의 역사(한국, 서양) 4. 메이크업 종사자의 자세
			2. 메이크업의 기초이론	1. 골상(얼굴형)의 이해 2. 얼굴형 및 부분 수정 메이크업 기법 3. 기본메이크업 기법(베이스, 아이, 아이브로우, 립과 치크)
			3. 색채와 메이크업	1. 색채의 정의 및 개념 2. 색채의 조화 3. 색채와 조명
			4. 메이크업 기기·도구 및 제품	1. 메이크업 도구 종류와 기능 2. 메이크업 제품 종류와 기능
			5. 메이크업 시술	1. 기초화장 및 색조화장법 2. 계절별 메이크업 3. 얼굴형별 메이크업 4. T.P.O에 따른 메이크업 5. 웨딩 메이크업 6. 미디어 메이크업
			6. 피부와 피부 부속 기관	1. 피부구조 및 기능 2. 피부 부속기관의 구조 및 기능
			7. 피부유형분석	1. 정상피부의 성상 및 특징 2. 건성피부의 성상 및 특징 3. 지성피부의 성상 및 특징 4. 민감성피부의 성상 및 특징 5. 복합성피부의 성상 및 특징 6. 노화피부의 성상 및 특징
			8. 피부와 영양	1. 3대 영양소, 비타민, 무기질 2. 피부와 영양 3. 체형과 영양
			9. 피부와 광선	1. 자외선이 미치는 영향 2. 적외선이 미치는 영향

필기과목명	문제수	주요항목	세부항목	세세항목
	60		10. 피부면역	1. 면역의 종류와 작용
			11. 피부노화	1. 피부노화의 원인 2. 피부노화현상
			12. 피부장애와 질환	1. 원발진과 속발진 2. 피부질환
		2. 공중위생 관리학	1. 공중보건학 총론	1. 공중보건학의 개념 2. 건강과 질병 3. 인구보건 및 보건지표
			2. 질병관리	1. 역학 2. 감염병관리 3. 기생충질환관리 4. 성인병관리 5. 정신보건 6. 이·미용 안전사고
			3. 가족 및 노인보건	1. 가족보건 2. 노인보건
			4. 환경보건	1. 환경보건의 개념 2. 대기환경 3. 수질환경 4. 주거 및 의복환경
			5. 산업보건	1. 산업보건의 개념 2. 산업재해
			6. 식품위생과 영양	1. 식품위생의 개념 2. 영양소 3. 영양상태 판정 및 영양장애
			7. 보건행정	1. 보건행정의 정의 및 체계 2. 사회보장과 국제 보건기구
			8. 소독의 정의 및 분류	1. 소독관련 용어정의 2. 소독기전 3. 소독법의 분류 4. 소독인자
			9. 미생물 총론	1. 미생물의 정의 2. 미생물의 역사 3. 미생물의 분류 4. 미생물의 증식
			10. 병원성 미생물	1. 병원성 미생물의 분류 2. 병원성 미생물의 특성
			11. 소독방법	1. 소독 도구 및 기기 2. 소독시 유의사항 3. 대상별 살균력 평가

필기과목명	문제수	주요항목	세부항목	세세항목
	60		12. 분야별 위생 · 소독	1. 실내환경 위생 · 소독 2. 도구 및 기기 위생 · 소독 3. 이 · 미용업 종사자 및 고객의 위생관리
			13. 공중위생관리법의 목적 및 정의	1. 목적 및 정의
			14. 영업의 신고 및 폐업	1. 영업의 신고 및 폐업신고 2. 영업의 승계
			15. 영업자 준수사항	1. 위생관리
			16. 이 · 미용사의 면허	1. 면허발급 및 취소 2. 면허수수료
			17. 이 · 미용사의 업무	1. 이 · 미용사의 업무
			18. 행정지도감독	1. 영업소 출입검사 2. 영업제한 3. 영업소 폐쇄 4. 공중위생감시원
			19. 업소 위생등급	1. 위생평가 2. 위생등급
			20. 보수교육	1. 영업자 위생교육 2. 위생교육기관
			21. 벌칙	1. 위반자에 대한 벌칙, 과징금 2. 과태료, 양벌규정 3. 행정처분
			22. 법령, 법규사항	1. 공중위생관리법시행령 2. 공중위생관리법시행규칙
		3. 화장품학	1. 화장품학 개론	1. 화장품의 정의 2. 화장품의 분류
			2. 화장품 제조	1. 화장품의 원료 2. 화장품의 기술 3. 화장품의 특성
			3. 화장품의 종류와 기능	1. 기초 화장품 2. 메이크업 화장품 3. 바디(body)관리 화장품 4. 방향화장품 5. 에센셜(아로마) 오일 및 캐리어 오일 6. 기능성 화장품

출제기준(실기)

직무분야	이용·숙박·여행·오락·스포츠	중직무분야	이용·미용	자격종목	미용사(메이크업)	적용기간	2016. 7. 1. ~ 2020. 12. 31.

- 직무내용 : 얼굴·신체를 아름답게 하거나 특정한 상황과 목적에 맞는 이미지분석, 디자인, 메이크업, 뷰티코디네이션, 후속관리 등을 실행하기 위해 적절한 관리법과 도구, 기기 및 제품을 사용하여 메이크업을 수행하는 직무
- 수행준거 : 1. 작업자와 고객 위생관리를 포함한 메이크업 용품, 시설, 도구 등을 청결히 하고 안전하게 사용 할 수 있도록 관리·점검할 수 있다.
  2. 고객과의 상담을 통해 메이크업TPO(Time, Place, Occasion)를 파악할 수 있다.
  3. 메이크업의 기본을 알고 기본, 웨딩, 미디어 등의 메이크업을 실행할 수 있다.

실기검정방법	작업형	시험시간	2시간 35분 정도

실기과목명	주요항목	세부항목	세세항목
메이크업 미용실무	1. 메이크업샵 안전 위생관리	1. 메이크업샵 위생관리하기	1. 메이크업시설, 설비 및 도구/기기 등을 소독하거나 먼지를 제거할 수 있다. 2. 메이크업 작업 환경을 청결하게 청소할 수 있다. 3. 메이크업 시행에 필요한 기기·도구·제품 체크리스트를 만들 수 있다. 4. 메이크업 도구관리 체크리스트에 따라 사전점검 작업을 실시할 수 있다.
	2. 메이크업 상담	1. 얼굴특성분석 및 메이크업 상담하기	1. 고객과의 상담을 통해 메이크업 TPO를 파악할 수 있다. 2. 메이크업에 반영될 고객(작품)의 직업, 연령, 환경 등의 정보를 파악할 수 있다. 3. 고객 상담을 통해 원하는 스타일, 콘셉트 등을 파악할 수 있다. 4. 고객의 심리적, 정서적 특성을 고려하여 메이크업 디자인 정보를 고객에게 전달 수 있다. 5. 고객 요구와 관찰을 통해 얼굴형태, 특성 등을 파악할 수 있다. 6. 메이크업 시행 전 피부상태를 문진표, 기기 등등 통해 파악할 수 있다. 7. 얼굴특성 분석에 따른 메이크업 방향과 보완책을 고객에게 설명할 수 있다.
	3. 기본메이크업	1. 기초제품 사용하기	1. 메이크업을 하기 위한 클렌징을 실시할 수 있다. 2. 피부타입, 상태에 따라 기초제품 제형, 바르는 순서 등을 선택할 수 있다. 3. 기초제품으로 피부의 일시적인 이상, 트러블에 대한 조치를 취할 수 있다.

실기과목명	주요항목	세부항목	세세항목
	3. 기본메이크업	2. 베이스 메이크업하기	1. 피부상태, 디자인 등에 따른 메이크업 제형, 색상을 선택할 수 있다. 2. 얼굴형태, 피부색 등을 고려하여 자연스러운 피부표현을 할 수 있다. 3. 피부의 추가적인 결점 보완을 위한 제품을 선택할 수 있다. 4. 얼굴형태, 피부상태에 따른 윤곽 수정 제품을 사용할 수 있다
		3. 아이 메이크업하기	1. 재료의 특성에 따른 질감, 발색, 밀착성, 발림성 등을 구분·선택할 수 있다. 2. 메이크업목적, 디자인 등을 반영하여 아이섀도우을 표현할 수 있다. 3. 메이크업목적, 디자인과 조화로운 아이라인을 표현할 수 있다. 4. 아이 메이크업 디자인과 조화되는 마스카라 제품을 활용할 수 있다. 5. 속눈썹표현을 위하여 제품을 가공하여 표현할 수 있다. 6. 최신 아이메이크업 트렌드, 제품정보를 고객에게 설명할 수 있다.
		4. 아이 브로우 메이크업하기	1. 눈썹형태, 얼굴형, 디자인 등에 따른 아이브로우 이미지를 구분할 수 있다. 2. 메이크업디자인, 스타일 등에 따른 아이브로우를 표현할 수 있다. 3. 고객의 자기 관찰을 통한 요구 사항을 분석하여 아이브로우 메이크업을 수정할 수 있다. 4. 최신 아이브로우 표현 트렌드, 제품 정보 등을 고객에게 설명할 수 있다.
		5. 립&치크 메이크업	1. 스타일과 조화로운 립&치크 기본 형태를 디자인 할 수 있다. 2. 재료의 질감, 발색, 밀착성, 발림성 등을 구분할 수 있다. 3. 메이크업 디자인과 조화되는 제품을 선택하여 립&치크 메이크업을 할 수 있다. 4. 립&치크 메이크업 트렌드, 제품정보를 고객에게 설명할 수 있다.
		6. 마무리 스타일링하기	1. 스타일, 표현 이미지와 조화되는 수정보완 메이크업을 실시할 수 있다. 2. 메이크업 관련 스타일링, 코디네이션 트렌드를 고객에게 전달할 수 있다
	4. 웨딩메이크업	1. 웨딩이미지 파악하기	1. 결혼식 장소의 조명, 크기, 공간디자인 등을 파악할 수 있다 2. 웨딩촬영(화보)콘셉트, 촬영 장소 특성 등을 파악할 수 있다 3. 웨딩드레스, 헤어스타일 등으로 고객이 선호하는 웨딩이미지를 파악할 수 있다. 4. 수집된 정보를 종합 분석하여 고객이 원하는 웨딩콘셉트를 제시할 수 있다. 5. 웨딩관련 최신 트렌드와 메이크업정보를 고객에게 제공할 수 있다.

실기과목명	주요항목	세부항목	세세항목
		2. 웨딩메이크업 이미지 제안하기	1. 웨딩메이크업 이미지 연출을 위한 소품을 준비할 수 있다. 2. 수집된 정보를 분석하여 웨딩메이크업 이미지를 제안할 수 있다. 3. 고객 요구를 반영하여 웨딩메이크업 이미지를 수정할 수 있다. 4. 다양한 콘셉트의 웨딩 메이크업 포트폴리오, 시안을 제작할 수 있다.
		3. 웨딩메이크업 실행하기	1. 웨딩환경, 드레스, 스타일링 등을 고려한 웨딩 메이크업을 실행할 수 있다. 2. 웨딩콘셉트와 신부메이크업방향을 고려하여 신랑 메이크업을 실행할 수 있다. 3. 웨딩콘셉트와 조화로운 관계자(혼주등) 메이크업을 실행할 수 있다. 4. 이미지유지와 고객요구에 따라 웨딩현장에서 메이크업을 보완할 수 있다.
	5. 미디어 메이크업	1. 미디어기획의도 파악하기	1. 클라이언트, 연출자관계자 회의에서 작품의도와 목적을 파악할 수 있다. 2. 촬영관계자 회의에서 촬영의도를 파악할 수 있다. 3. 작품종류, 내용에 대한 사전분석을 통해 기획의도를 분석할 수 있다. 4. 미디어 장르별 표현 특징을 디자인 기획에 반영할 수 있다.
		2. 미디어 현장 분석하기	1. 세트장크기, 전체배경, 색감, 디자인의도, 촬영환경 등을 파악할 수 있다. 2. 시대적 배경, 시대환경, 촬영시간대 등의 현장상황을 파악할 수 있다. 3. 조명, 색과 조도변화에 따른 메이크업 강도, 색조를 조절할 수 있다. 4. 현장분석 결과를 통해 메이크업 실시 시의 고려사항을 도출해 낼 수 있다.
		3. 미디어 메이크업 이미지 분석하기	1. 기획의도가 반영된 자료를 통해 모델 이미지를 분석할 수 있다. 2. 관계자 회의에서 모델 코디네이션, 스타일요구를 파악할 수 있다. 3. 제작회의 등에서 표현될 메이크업 이미지 시안을 발표할 수 있다. 4. 작품의도, 목적을 부각시킬 수 있는 메이크업방향 변화를 제안할 수 있다.

		4. 미디어 메이크업 캐릭터 개발하기	1. 인물 간 역학관계, 성격, 특성 등을 파악하여 캐릭터를 설계할 수 있다. 2. 캐릭터 개발을 위해 연기자(모델)의 이미지, 체형 등을 분석할 수 있다. 3. 개발 캐릭터의 특징, 메이크업 방향 등을 시안으로 표현할 수 있다. 4. 캐릭터 특성을 표현하기 위한 부가적인 소품을 구비할 수 있다. 5. 작품의도, 목적 부각을 위해 메이크업 캐릭터 콘셉트를 조정할 수 있다.
		5. 미디어 메이크업 실행하기	1. 미디어현장의 조명에 따라 적합한 메이크업 제품을 선택하여 사용할 수 있다. 2. 작성된 캐릭터 시안을 중심으로 미디어 메이크업을 표현할 수 있다. 3. 미디어의 종류와 표현 색감에 따라 메이크업을 수정할 수 있다. 4. 미디어촬영 현장에서의 메이크업 유지를 위하여 수정·보완할 수 있다. 5. 표현 미디어의 특성과 최신 트렌드를 지속적으로 수집·반영할 수 있다.

※ 자료출처 : 큐넷 (www.q-net.or.kr)

국가자격 미용사(메이크업) 실기시험 과제 안내

과제유형	제1과제(40분) 뷰티 메이크업	제2과제(40분) 시대 메이크업	제3과제(50분) 캐릭터 메이크업	제4과제(25분) 속눈썹 익스텐션 및 수염
작업대상	모 델			마네킹
세부과제	① 웨딩(로맨틱)	① 현대1 1930 (그레타 가르보)	① 이미지(레오파드)	① 속눈썹 익스텐션 (왼쪽)
	② 웨딩(클래식)	② 현대2 1950 (마릴린 먼로)	② 무용(한국)	② 속눈썹 익스텐션 (오른쪽)
	③ 한복	③ 현대3 1960 (트위기)	③ 무용(발레)	③ 미디어 수염
	④ 내추럴	④ 현대4 1970 (펑크)	④ 노역(추면)	
배점	30점	30점	25점	15점

※ 총 4과제가 시험 당일 각 과제가 랜덤 선정되는 방식으로 아래와 같이 선정

1과제 : ① ~ ④ 과제 중 1과제 선정
2과제 : ① ~ ④ 과제 중 1과제 선정
3과제 : ① ~ ④ 과제 중 1과제 선정
4과제 : ① ~ ③ 과제 중 1과제 선정

※ 각 과제 작업 종료 후 다음 과제를 위한 준비시간이 부여되며 1, 2 과제
  작업 후 클렌징 및 세안(준비시간 내) 진행

수험자 지참 재료 목록

번호	지참 공구명	규격	단위	수량	비고	체크
1	모델		명	1	모델기준 참고	
2	위생 가운	긴팔 또는 반팔, 흰색	개	1	시술자용 (1회용 가운 불가)	
3	눈썹 칼	눈썹정리용	개	1		
4	브러시 세트	메이크업용	set	1		
5	어깨보	메이크업용, 흰색	개	1	모델용	
6	스펀지 퍼프	메이크업용	개	필요량	메이크업용 미사용품	
7	분첩	메이크업용	개	1	메이크업용 미사용품	
8	뷰러	메이크업용	개	1	메이크업용 미사용품	
9	타월	40×80cm내외정도, 흰색	개	필요량	작업대 세팅용, 세안용	
10	소독제	액상 또는 젤	개	1	도구피부 소독용	
11	탈지면 용기		개	1	뚜껑이 있는 용기	
12	탈지면(미용솜)		개	필요량		
13	미용티슈		개	필요량	미용용	
14	면봉		개	필요량	미용용	
15	족집게		개	1	눈썹관리용	
16	터번(헤어밴드)		개	1	흰색	
17	아이섀도 팔레트	(단품 제품 지참 가능)	set	1	메이크업용	
18	립 팔레트		set	1	메이크업용	
19	메이크업 베이스		개	1	메이크업용	
20	페이스 파우더		개	1	메이크업용	
21	아이라이너	브라운색, 검정색	개	각1	타입 제한 없음	
22	파운데이션	리퀴드, 크림, 스틱 제형 등(에어졸 제품 불가)	set	1	하이라이트, 섀도, 베이스컬러용 등	
23	마스카라		개	1		
24	아이브로우		개	1		
25	인조 속눈썹		set	필요량		
26	위생봉투(투명비닐)		개	1	쓰레기처리용, 고정용 테이프 포함	
27	아트용 컬러	아쿠아 컬러	set	1	메이크업용	
28	물통		개	1	메이크업용	
29	아트용 브러시		set	1	메이크업용	
30	스파츌라		개	1	메이크업용	
31	수염(가공된 상태)	검정색	set	1	생사 또는 인조사	
32	속눈썹 가위		개	1	눈썹관리용	
33	고정 스프레이(일반 스프레이)		개	1	수염관리용	

34	수염 접착제(스프리트 검 또는 프로세이드)		개	1	수염관리용
35	가위		개	1	수염관리용
36	핀셋		개	1	수염관리용
37	빗(꼬리빗 또는 마이크로 브러시)		개	1	수염관리용
38	가제수건	(물에 젖은 상태)	개	1	거즈, 물티슈 대용가능
39	글루	공인인증기관으로부터 자가번호 부여받은 제품	개	1	공인인증제품
40	글루판		개	1	속눈썹 관리용
41	속눈썹(J컬)	J컬 타입, (8,9,10,11,12mm)	set	필요량	두께(0.15~0.2mm)
42	마네킹(5~6mm 인조 속눈썹이 50가닥 이상이 부착된 상태)	얼굴 단면용	개	1	속눈썹 관리 및 수염 관리용(홀더 추가지참가능)
43	핀셋		개	2	속눈썹 관리용
44	아이패치	속눈썹 관리용	개	1	흰색, 테이프 불가
45	우드 스파츌라	속눈썹 관리용	개	필요량	속눈썹 관리용 미사용품
46	전처리제	속눈썹 관리용	개	1	속눈썹 관리용
47	속눈썹 빗	속눈썹 관리용	개	1	속눈썹 관리용
48	속눈썹 접착제	공인인증기관으로부터 자가번호 부여받은 제품	개	1	공인인증제품
49	속눈썹 판		개	1	속눈썹 관리용
50	클렌징 제품 및 도구	클렌징 티슈, 해면, 습포 등	개	필요량	메이크업 제거용
51	메이크업 팔레트(플레이트 판)		개	1	믹싱용

수험자 지참 재료

치크 하이라이트&쉐딩

립&아이라이너 펜슬

리퀴드 아이라이너

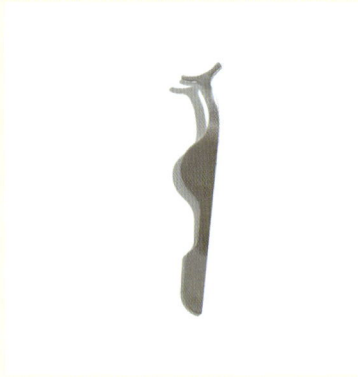
핀셋(인조 속눈썹 부착용)

위생 가운

눈썹 칼

브러시 세트

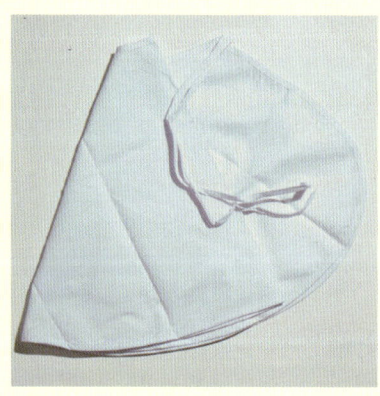
어깨보

스펀지 퍼프

분첩

뷰러

타월

소독제

탈지면 용기

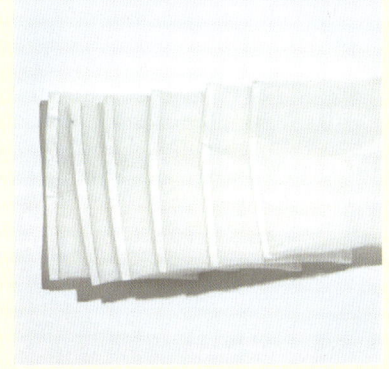
탈지면(미용솜)

미용티슈

면봉

족집게　　메이크업 베이스

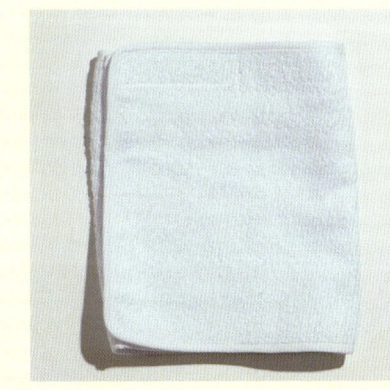
터번(헤어밴드)

아이섀도 팔레트

립 팔레트

젤 아이라이너

페이스 파우더

고정 스프레이(일반 스프레이)

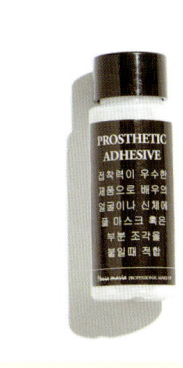
수염 접착제(스프리트 검 또는 프로세이드)

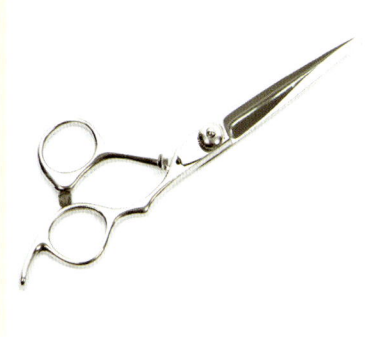
가위

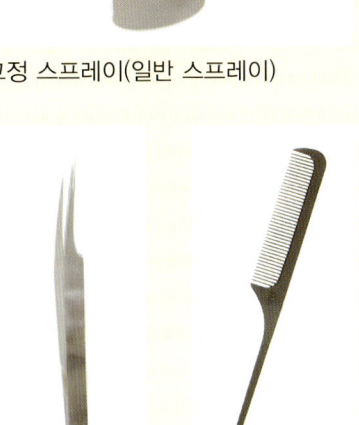
핀셋(수염관리용)   꼬리빗

빗(꼬리빗 또는 마이크로 브러시)

물티슈 또는 가제수건

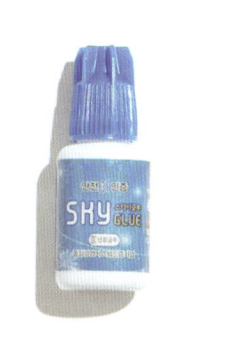
글루

글루판

속눈썹(J컬)

마네킹(5~6mm 인조 속눈썹이 50가닥 이상이 부착된 상태)

마네킹 홀더

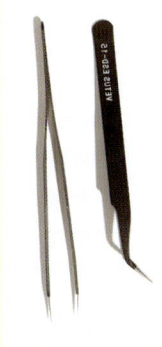
핀셋

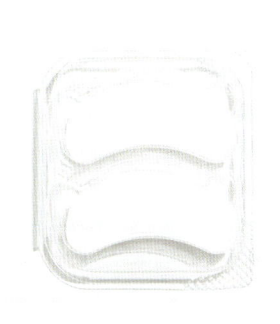
아이패치

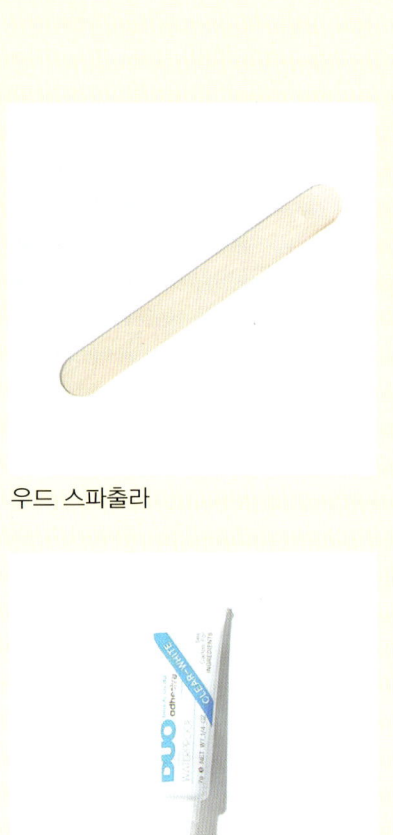
우드 스파츌라

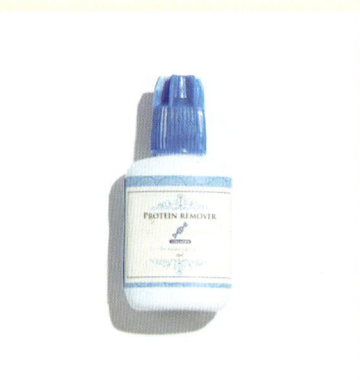
전처리제

속눈썹 빗

속눈썹 접착제

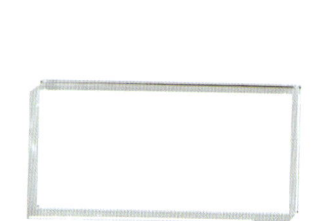
속눈썹 판

클렌징 제품 및 도구

메이크업 팔레트(플레이트 판)

더마왁스

스프리트 검

크림 파운데이션

립글로스

펄 파우더

수험자 유의사항

아래 사항을 준수하여 실기시험에 임하여 주십시오. 만약 이러한 여러 가지 사항을 지키지 않을 경우, 시험장의 입실 및 수험에 제한을 받는 불이익이 발생할 수 있다는 점 인지하여 주시고 감독위원의 지시가 있을 경우, 다소 불편함이 있더라도 적극 협조하여 주시기 바랍니다.

※ 타월류의 경우는 비슷한 크기이면 무방합니다.
※ 바구니(흰색), 더마왁스, 실러(메이크업 용), 홀더(마네킹) 및 수험자 지참준비물 중 기타 필요한 재료의 추가 지참은 가능합니다.
※ 공개문제 및 수험자 지참 준비물에 언급된 도구 및 재료 중 기타 실기시험에서 요구한 작업 내용에 영향을 주지 않는 범위 내에서 수험자가 메이크업 미용 작업에 필요하다고 생각되는 재료 및 도구 등은(예 : 아이섀도(크림·펄 타입 등)류, 브러시류, 핀셋류 등) 더 추가 지참할 수 있습니다.
※ 소독제를 제외한 주요 화장품을 덜어서 가져오시면 안 됩니다.

1. 과제별 시험 시작 전 준비시간에 해당 시험 과제의 모든 준비물을 작업대에 세팅하여야 하며 시험 중에는 도구 또는 재료를 꺼내는 경우 감점 처리합니다.
2. 지참하는 화장품 등은 외국산, 국산 구별 없이 시중에서 누구나 쉽게 구입할 수 있는 것을 지참(수험자가 평소 사용하던 화장품도 무방함)하도록 합니다.
3. 수험자가 도구 또는 재료에 구별을 위해 표식(스티커 등)을 만들어 붙일 수 없습니다. 감점처리됩니다.
4. 수험자는 위생봉투(투명비닐)를 준비하여 쓰레기봉투로 사용할 수 있도록 작업대에 부착합니다.
5. 매 과정별 요구사항에 여러 가지의 형이 있는 경우에는 반드시 시험위원이 지정하는 형을 작업해야 합니다.
6. 매 작업과정 시술 전에는 준비 작업시간 부여하므로 시험위원 지시에 따라 행동하고 각종 도구도 잘 정리 정돈한 다음 작업에 임하며, 과제 시작 전 사용에 적합한 상태를 유지하도록 미리 준비(작업대 세팅 및 모델 터번 착용 등)합니다.

7. 작업에 필요한 각종 도구를 바닥에 떨어뜨리는 일이 없도록 하여야 하며, 특히 눈썹 칼, 가위 등을 조심성 있게 다루어 안전사고가 발생되지 않도록 주의해야 합니다.
8. 시험 종료 후 지참한 모든 재료는 가지고 가며, 주변정리 정돈을 끝내고 퇴실토록 합니다.
9. 제시된 시험시간 안에 모든 작업과 마무리 및 작업대 정리 등을 끝내야 하며 시험시간 초과하여 작업하는 경우는 해당 과제를 0점 처리합니다.
10. 각 과제별 작업을 위한 모델의 준비가 적합하지 않을 경우 감점 혹은 과제 0점 처리될 수 있습니다.
11. 1과제 종료 후 2과제 준비시간 전에 본부요원의 지시에 따라 클렌징 제품 및 도구를 사용하여 완성된 과제를 제거하고 2과제 작업 준비를 해야 합니다.
12. 2과제 종료 후 3과제 준비시간 전에 본부요원의 지시에 따라 클렌징 제품 및 도구를 사용하여 완성된 과제를 제거하고 3과제 작업 준비를 해야 합니다.
13. 3과제 종료 후 4과제 준비시간 전에 본부요원의 지시에 따라 클렌징 제품 및 도구를 사용하여 완성된 과제를 변형 혹은 제거하고 4과제 작업 준비를 해야 합니다.
14. 시험 종료 후 본부요원의 지시에 따라 마네킹에 기 작업된 4과제 작업분을 변형 혹은 제거한 후 퇴실하여야 합니다.
15. 다음의 경우에는 득점과 관계없이 채점대상에서 제외됩니다.
    ① 시험의 전체 과정을 응시하지 않은 경우
    ② 시험도중 시험장을 무단으로 이탈하는 경우
    ③ 부정한 방법으로 타인의 도움을 받거나 타인의 시험을 방해하는 경우
    ④ 무단으로 모델을 수험자간에 교체하는 경우
    ⑤ 국가기술자격검정 규정에 위배되는 부정행위 등을 하는 경우
    ⑥ 수험자가 위생복을 착용하지 않은 경우
    ⑦ 수험자가 유의사항 내의 모델 조건에 부적합한 경우
    ⑧ 요구사항 등의 내용을 사전에 준비해 온 경우 (예 : 눈썹을 미리 그려 온 경우, 수염 과제를 미리 해 온 경우, 턱 부위에 밑그림을 그려온 경우, 속

눈썹(J컬)을 미리 붙여온 상태 등)

16. 시험 응시 제외 사항

    ① 모델을 데려오지 않은 경우 해당과제는 응시할 수 없습니다.

17. 오작사항

    ① 요구된 과제가 아닌 다른 과제를 작업하는 경우

    ② 작업 부위를 바꿔서 작업하는 경우

    (예 : 마네킹(속눈썹)의 좌우를 바꿔서 작업하는 경우 등이 해당함)

18. 득점 외 별도 감점사항

    ① 수험자의 복장상태, 모델 및 마네킹의 사전 준비상태 등 어느 하나라도 미 준비하거나 사전준비 작업이 미흡한 경우

    ② 필요한 기구 및 재료 등을 시험 도중에 꺼내는 경우

19. 미완성 사항

    ① 4과제 속눈썹 익스텐션 작업 시 최소 40가닥 이상의 속눈썹(J컬)을 연장하지 않은 경우

    ② 4과제 미디어 수염 작업 시 콧수염과 턱수염 중 어느 하나라도 작업하지 않은 경우

※ 미용사(메이크업) 공개 문제를 사전에 반드시 확인하여 사전 준비하시기 바랍니다.

※ 미용사(메이크업) 실기시험 공개문제(도면)의 헤어 스타일(업스타일, 흰머리 표현 등) 및 장신구(티아라, 비녀 등 지참 불가), 써클·컬러렌즈(착용불가), 헤어컬러링 상태 등은 채점 대상이 아닙니다.

미용사(메이크업) 국가자격

수험자

1. 수험자와 모델은 감독위원의 지시에 따라야 하며, 지정된 시간에 시험장에 입실해야 합니다. 신분증(본인임을 확인할 수 있는 사진이 부착된 증명서)을 지참해야 합니다.
2. 수험자는 반드시 반팔 또는 긴팔 흰색 위생복(1회용 가운 제외)을 착용하여야 하며 복장에 소속을 나타내거나 암시하는 표식이 없어야 합니다.
3. 수험자는 눈에 보이는 표식(예 : 문신, 헤나, 네일 컬러링, 디자인 등)이 없어야 하며, 표식이 될 수 있는 액세서리(예 : 반지, 시계, 팔찌, 발찌, 목걸이, 귀걸이 등)를 착용할 수 없습니다(단, 문신, 헤나 등의 범위가 작은 경우 살색의 의료용 테이프 등으로 가릴 수 있음).
4. 수험자는 머리카락 고정용품(머리핀, 머리띠, 머리망, 고무줄 등)을 착용할 경우 검은색만 허용합니다.
5. 수험자 또는 모델은 스톱워치나 핸드폰을 사용할 수 없습니다.
6. 수험자는 시험 중에 관리상 필요한 이동을 제외하고 지정된 자리를 이탈하거나 모델 또는 다른 수험자와 대화할 수 없습니다.

실기시험 시술준비

모델

1. 모든 수험자는 함께 대동한 모델에 작업해야 하고 모델을 대동하지 않을 시에는 과제에 응시할 수 없으며 채점 대상에서 제외됩니다.
   ※ 메이크업 모델의 연령제한에 따라 대동하는 모델은 본인의 신분증을 지참하여야 합니다.
   ※ 모델기준 : 만 14세 이상 ~ 만 55세 이하(년도 기준)의 여성 모델
   ※ 모델은 사전에 메이크업이 되어 있지 않은 상태로 시험에 임하여야 합니다.
2. 모델은 눈에 보이는 표식(예 : 문신, 헤나, 네일 컬러링, 디자인 등)이 없어야 하며, 표식이 될 수 있는 액세서리(예 : 반지, 시계, 팔찌, 발찌, 목걸이, 귀걸이 등)를 착용할 수 없습니다(단, 문신, 헤나 등의 범위가 작은 경우 살색의 의료용 테이프 등으로 가릴 수 있음).
3. 모델은 머리카락 고정용품(머리핀, 머리띠, 머리망, 고무줄 등)을 착용할 경우 검은색만 허용합니다.
4. 모델은 과제 시작 전에 흰색 헤어 터번과 어깨보를 착용합니다.
5. 모델은 써클·컬러렌즈를 착용하지 않습니다.
6. 모델의 헤어 컬러링 상태가 눈에 띄거나 탈색 모발일 경우 헤어 터번을 넓은 종류로 착용합니다.

Tip

- 문신이나 반영구 메이크업 이외에 눈썹염색 및 틴트 제품을 사용해 온 경우에도 사전 메이크업으로 간주되어 대동모델 조건으로 부적합하고, 눈썹연장도 허용되지 않습니다.
- 모델의 준비가 적합하지 않을 경우 입실하지 못하거나 감점 혹은 해당 과제 0점 처리될 수 있습니다.

준비물

1. 과제별 시험 시작 전 준비시간에 해당 시험 과제의 모든 준비물을 작업대에 세팅하여야 하며, 시험 중에 도구 또는 재료를 꺼내는 경우 감점 처리됩니다.
2. 지참하는 준비물은 시중에서 판매되는 제품이면 무방하나, 브랜드를 따로 지정하지 않습니다(정품 사용, 덜어오는 것 제외).
3. 지참하는 화장품 등은 외국산, 국산 구별 없이 시중에서 누구나 쉽게 구입할 수 있는 것을 지참(수험자가 평소 사용하던 화장품도 무방함)하도록 합니다.
4. 수험자가 사용하는 도구와 재료에 구별을 위한 표식(스티커 등)이 부착되어 있을 경우 감점 대상입니다.
5. 수험자는 위생봉투(투명비닐)를 준비하여 작업대에 부착하여 쓰레기 봉투로 사용합니다.
6. 매 작업과정 시술전에는 준비시간을 부여하므로 관리위원의 지시에 따라 행동하고, 각종 도구도 잘 정리정돈한 다음 작업에 임하며, 과제 시작 전 사용에 적합한 상태를 유지하도록 미리 준비(작업대 세팅 및 모델 터번 착용 등)합니다.
7. 작업에 필요한 각종 도구를 바닥에 떨어뜨리는 일이 없도록 하여야 하며, 특히 눈썹칼, 가위 등을 조심히 다루어 안전사고가 발생하지 않도록 주의해야 합니다.
8. 지참 준비물에 언급된 도구 및 재료 중 기타 실기시험에 요구한 작업 내용에 영향을 주지 않는 범위 내에서 수험자가 메이크업 미용 작업에 필요하다고 생각되는 재료 및 도구(예 : 아이섀도(크림·펄 타입 등)류, 브러시류, 핀셋류 등, 더마왁스, 실러(메이크업용), 홀더(마네킹) 등)는 추가 지참 할 수 있습니다.
9. 소독제를 제외한 주요 화장품을 덜어서 가져오면 안됩니다.
10. 미용사(메이크업) 실기시험 공개문제(도면)의 헤어스타일)업스타일, 흰머리 표현 등) 및 장신구(티아라, 비녀 등 지참 불가), 써클·컬러렌즈(착용불가), 헤어 컬러링 상태 등은 채점 대상이 아닙니다.
11. 바구니(흰색)은 작업대 정리 등의 용도로 필요시에 지참 가능합니다.
12. 메이크업 팔레트(플레이트 판) 파운데이션 등 믹싱용을 추가 지참 준비합니다.
13. 1과제 뷰티 메이크업(내추럴)은 인조 속눈썹 사용하지 않습니다.
14. 4과제 속눈썹 익스텐션 작업 시 문제지 요구사항과 같이 수험자의 손 및 도

구류와 마네킹의 작업부위를 소독한 후 적절한 위치에 아이패치를 부착 한 후 과제를 수행합니다.
15. 4과제 속눈썹 익스텐션 작업 시 나무 스파출라는 사용 후 폐기합니다.
16. 시험 종료 후 지참한 모든 재료는 가지고 가야 하며, 주변 정리정돈을 하고 퇴실하도록 합니다.
17. 제시된 시험시간 안에 모든작업과 마무리 및 작업대 정리 등을 끝내야 합니다.
18. 재료와 관련된 감점 사항
    - 필요한 기구 및 재료 등을 시험 도중에 꺼내는 경우
    - 마네킹의 사전 준비상태 등 어느 하나라도 미준비하거나 사전 준비작업이 미흡한 경우

소독방법

1. 소독제는 액상 혹은 젤 타입으로 준비합니다.
2. 미용솜과 소독제를 담을 뚜껑이 있는 탈지면 용기를 함께 준비해야 합니다.
3. 소독제는 다른 화장품 준비물과 다르게 덜어오는 것이 가능합니다.
4. 과제별 작업시작전 손을 소독하고, 모든 도구류는 사용 전 소독제로 소독해야 합니다.

뷰티 메이크업

Part 1

Make up Artist

뷰티 메이크업

● 베이스(Base) 메이크업

피부 화장을 뜻하며 피부를 보호하고 피부의 결점을 커버하며 색조화장의 지속력을 높여준다.

1. 메이크업 베이스

파운데이션 전 단계에서 사용하며 울긋불긋한 피부 톤을 균일하게 보이도록 해주며 파운데이션의 피부 침투를 막고 밀착력을 높인다. 다양한 색상이 있으며 피부 톤에 맞게 사용한다. 톤 조절 이외에도 피부의 수분감을 높이고 과도한 피지분비를 조절하며 모공이나 요철을 커버하기 위해 사용한다.

1. 메이크업 베이스의 종류

1) 질감에 따른 분류
 · 컨트롤 컬러(Control Color)
  붉거나 누르스름한 피부 톤 등을 조절하기 위해 사용되며 다양한 색상이 있다. 보색을 기준으로 피부 톤에 맞게 선택하여 사용한다.
 · 프라이머(Primer)
  피부에 보습을 주어 윤기가 나는 피부를 연출하거나 과도한 피지분비를 조절하며 요철이나 모공을 커버하여 매끄러운 피부표현을 하기 위해 사용한다.

2) 색상에 따른 분류
 · 화이트 : 피부를 투명하고 밝게 표현해준다. 피부가 칙칙하거나 어두운 피부색에 적합하다.
 · 그린 : 피부가 붉거나 모세혈관이 확장된 피부, 여드름 피부에 적합하다.
 · 퍼플 : 노란 톤의 피부를 중화시켜준다.
 · 핑크 : 혈색이 부족하고 창백해 보이는 피부에 화사함을 준다.
 · 옐로 : 까무잡잡한 피부를 중화시켜준다.
 · 펄 : 펄감이 피부에 윤기를 부여한다.

2. 메이크업 베이스 사용방법

 · 기초화장 후 파운데이션 바르기 전에 바른다.

- 피부 톤에 맞는 색상을 선택하여 소량을 바르도록 한다. 너무 많은 양을 바르게 될 경우 파운데이션이 밀릴 수 있다.
- 유분기가 많을 경우 티슈로 가볍게 눌러준다.

2. 파운데이션

피부색을 보완하면서 기미, 주근깨 등의 잡티를 커버하여 이상적인 피부색 표현이 가능하며 얼굴의 윤곽수정 및 입체감을 줄 수 있다. 또한 자외선이나 바람, 먼지 등으로부터 피부를 보호한다.

1. 파운데이션의 종류

1) 형태에 따른 분류
- 리퀴드 타입(Liquid Type) : 수분감이 많아 자연스러운 피부표현이 가능하나 커버력과 지속력은 약하다. 일반피부는 워터 베이스(Water base)파운데이션이 좋고 지성피부는 오일 프리(Oil free)파운데이션이 적합하며 건성피부는 유분이 함유된 파운데이션을 사용한다.
- 크림 타입(Cream Type) : 유분함유량이 높고 커버력이 우수하여 건조한 피부나 잡티커버가 필요한 피부에 적합하다.
- 스틱 타입(Stick Type) : 수분이 매우 적고 고체화한 제품으로 커버력과 지속력이 우수하여 무대화장에 많이 사용된다. 두께감이 있어 부자연스러울 수 있다.
- 팬 케이크 타입(Pan cake Type) : 스펀지를 물이나 토너에 적셔 바른다. 지속성이 우수하고 방수성이 있어 지성피부에 적합하고 여름철에 주로 사용한다.
- 무스 타입 : 거품타입으로 사용감이 가볍고 산뜻하여 지성피부에 좋으나 커버력이 약하다.
- 파우더 파운데이션 타입(Powder type) : 중간 정도의 커버력으로 팩트 타입으로 되어 있어 휴대가 간편하다.

2) 색상 선택 방법
- 베이스 칼라(Base color) : 피부 톤에 맞춰 표현한다.
- 하이라이트 칼라(Highlight Color) : 피부 톤보다 1~2톤 밝은 색을 사용한다.
- 섀딩 칼라(Shading Color) : 피부 톤보다 1~2톤 어두운 색을 사용한다.

2. 파운데이션 사용방법

1) 테크닉
- 패팅(Pattint) : 손가락이나 스펀지로 두들겨주며 바르는 기법으로 밀착력을 높이고 많은 양을 덧발라 버력을 높이고자 할 때 사용된다.
- 슬라이딩(Sliding) : 스펀지를 가볍게 미는 기법으로 얇게 도포할 때 사용된다.
- 블렌딩(Blending) : 색의 경계를 자연스럽게 표현하기 위하여 두 색을 혼합하듯 발라주는 기법이다.

2) 파운데이션 바르는 방법
- 턱 부위에 소량을 발라 목 색상과 너무 어긋나지 않는지 확인한다.
- 넓은 부위에서 좁은 부위로 바르도록 하며 볼 부분은 다른 부분보다는 잡티 및 홍조, 모공 등 결점을 커버해야 될 부분이 많으므로 약간 두껍게 발라준다.
- T-zone은 피지분비가 활발한 부위로 화장이 잘 지워지므로 패팅 기법을 사용하여 충분히 밀착시켜 준다.
- 눈 주위는 피부가 얇고 움직임이 많은 곳으로 파운데이션을 소량 발라준다.

3. 컨실러

파운데이션보다 점성이 높고 퍼짐성이 적어 잡티나 다크서클 등 피부의 결점을 커버하는데 효과적이며 어두운 잡티를 커버하고자 할 때에는 피부 톤보다 한 톤 정도 어두운 것을 선택한다. 적용 부위에 따라 컨실러 종류를 선택하고 커버 후에는 파우더를 발라주어 지속력을 높인다.

1. 컨실러의 종류

- 리퀴드 타입(Liquid Type) : 사용감이 산뜻하고 유연하게 펴 바를 수 있어 눈 밑 다크서클을 커버하는데 가장 적합하지만 잡티 커버력이 가장 약한 타입이다.
- 스틱 타입(Stick Type) : 고체타입으로 잡티를 뽀루지나 잡티를 커버하는데 가장 적합
- 크림 타입(Cream Type) : 리퀴드 타입과 스틱타입의 장점을 가지고 있어 유연하게 발리면서 커버력이 높다.

- 펜슬 타입(Pencil Type) : 커버력이 우수하며 작은 결점 부위에 사용하기에 적합하다.

2. 컨실러 사용 방법

1) 다크서클 커버
- 피부 톤보다 약간 밝은 톤을 사용하며 리퀴드 또는 크림 타입을 사용한다.
- 푸르스름한 다크서클은 핑크빛이 감도는 색상으로 커버한다.
- 붉은색의 다크서클은 옐로우 색감의 컨실러로 커버한다.
- 스틱타입은 눈가의 주름을 도드라져 보이게 할 수 있기 때문에 사용을 자제한다.
- 삼각형 형태로 실제 부위보다 컨실러를 넓게 펴바른다.

2) 잡티 커버
- 피부 톤과 같거나 약간 어두운 색상을 사용한다.
- 뭉치거나 경계선이 생기지 않도록 소량씩 여러 번 덧발라준다.
- 파우더를 덧발라 컨실러의 지속력을 높인다.

4. 파우더

파운데이션의 유분기를 제거하여 베이스 메이크업의 지속력을 높여준다. 또한 피지나 땀을 흡수하여 번들거림을 막아주며 자외선으로부터 피부를 보호하여 준다.

1. 파우더 종류

1) 형태에 따른 분류
- 루즈 파우더(Lose Powder) : 입자가 곱고 섬세하여 뭉치지 않도록 바르기 용이하며 자연스럽게 바르기에 좋으나 가루날림이 있어 휴대하기가 불편하다.
- 컴팩트 파우더(Compact Powder) : 분말형의 파우더를 용기에 담아 압축한 형태로 분말형에 비해 가루날림이 없어 휴대가 간편하고 커버력이 좋으나 색상 표현이 진하고 피부 표현이 두텁게 표현될 수 있다.
- 피니쉬 파우더(Finish Powder) : 메이크업의 마무리 단계에서 사용하며 펄이 들어있기도 하여 피부를 매끄럽고 윤기 있어 보이도록 한다.

- 오일 컨트롤 파우더(Oil Control Powder) : 흰색이 보편적이며 과도한 피지를 즉각적으로 제거하여 매트한 피부로 표현해준다.

2) 색상에 따른 분류
- 투명 : 파운데이션 색상을 그대로를 표현해주어 자연스러운 피부표현이 가능하다.
- 그린 : 피부의 붉은색을 중화시켜 준다.
- 퍼플 : 조명아래에서 화사한 피부표현이 가능하여 나이트 메이크업이나 파티 메이크업에 사용할 수 있다.
- 핑크 : 창백한 피부에 혈색을 주어 화사함을 준다.
- 오렌지 : 건강한 피부표현이 가능하고 선탠한 피부에 사용한다.
- 옐로우 : 파운데이션의 색상을 좀 더 밝게 표현해주며 검은 피부를 중화시켜 준다.
- 휘니쉬 : 펄을 함유하고 있어 화사함을 주고 빛이 반사되어 입체감 있고 윤기 있는 피부표현이 가능하다.

2. 파우더 사용방법

1) 퍼프 사용 방법
- 퍼프에 파우더를 묻힌 다음 반으로 접어 비비거나 또 다른 퍼프와 맞대어 가볍게 비벼주면서 파우더의 양을 조절하고 퍼프에 고르게 묻히도록 한다.
- 이마나 턱 등 얼굴 외곽에서 중심부로 가볍게 누르듯 발라준다.
- 눈두덩, 눈 밑, 코 옆 등 퍼프가 잘 닿지 않는 곳에는 퍼프를 접어 발라 준다.
- 잔여분의 파우더는 팬 브러시로 털어낸다.

2) 브러시 사용 방법
- 파우더 브러시에 파우더를 묻힌 후 퍼프에 놓고 양을 조절하고 브러시에 파우더가 골고루 묻힐 수 있도록 한다.
- 얼굴의 넓은 부위부터 바르며 중심에서 바깥방향으로 발라준다.
- 얼굴 부위에 따라 브러시 크기를 선택하여 바를 수 있다.
- 잔여분의 파우더는 팬 브러시로 털어낸다.

포인트(Point) 메이크업

1. 아이 브로우

눈썹 색상의 연하고 진함이나 굵기가 가늘고 두꺼움에 따라 혹은 눈썹의 길이가 길거나 짧음에 따라 사람의 인상도 달라질 수 있으며 얼굴형도 변화되어 보일수도 있다. 눈썹을 그릴 때에는 눈 형태뿐만 아니라 모발 색과 얼굴 전체를 고려하여 그릴 수 있도록 한다.

1. 눈썹의 이상적인 위치 및 형태

1) 눈썹 앞머리 : 콧망울 지점을 수직으로 올려 만나는 지점에 위치한다.
2) 눈썹 산 : 눈썹길이를 3등분 하였을 때 2/3지점에 위치하거나 턱의 중심에서 눈동자 중심을 지나는 곳에 위치한다.
3) 눈썹 꼬리 : 콧망울과 눈 꼬리를 45°각도로 지난 곳에 위치한다.
4) 눈썹 길이 : 눈 꼬리 보다는 바깥쪽에 위치하도록 그린다.
5) 눈썹 두께 : 눈썹의 앞머리에서 눈썹 꼬리로 갈수록 가늘어 지도록 그린다.
6) 눈썹 색상 : 눈썹 앞머리는 연하고 꼬리로 갈수록 진해지도록 그린다

2. 아이 브로우 그리기

1) 아이 브로우 그리는 순서
- 브러시를 이용하여 모가 자란 방향으로 빗어준다.
- 수정가위, 수정칼, 족집게를 이용하여 필요 없는 부분을 정리한다.
- 아이 브로우 펜슬을 사용하거나 아이섀도를 사선브러시에 묻혀 모가 비어 있는 곳을 채워주면서 원하는 형태에 맞춰 그려준다.
- 스크류 브러시로 가볍게 빗어주어 마무리한다.

2) 아이 브로우 그릴 때 주의 점
- 눈 폭보다 짧게 그리지 않도록 한다.
- 눈썹 산은 눈동자 중앙보다 바깥쪽으로 그려야 한다.
- 눈썹의 꼬리는 눈썹머리보다 쳐지지 않아야 한다.
- 눈썹색이 모발 색과 지나치게 다르지 않도록 한다.

2. 아이섀도

눈두덩에 색감을 사용하여 음영을 주어 입체감을 주고 눈매를 보완하며 더욱 아름답게 표현하기 위해 사용한다.

1. 종류

- 케이크 타입(Cake Type) : 보편적으로 가장 많이 사용되며 다양한 색상으로 색상의 혼합이 자유롭고 초보자도 쉽게 사용할 수 있다.
- 파우더 타입(Powder Type) : 색상의 혼합이 자유롭고 그라데이션이 용이하며 펄이 함유되어 있어 화려한 눈매를 연출할 수 있다.
- 크림 타입(Cream Type) : 유분감이 많이 그라데이션 하기에는 용이하나 뭉침이나 얼룩이 질 수 있다.
- 젤 타입(Gel Type) : 크림타입과 유사하며 바르고 난 뒤에는 번짐이 없이 고정이 되지만 얼룩이 질 수 있다.
- 펜슬 타입(Pencil Type) : 약간의 유분감이 있는 고체 타입으로 손가락으로 그라데이션 할 수 있으나 뭉침이 있을 수 있다.

2. 아이섀도 명칭

- 베이스 컬러(Base Color) : 메인컬러의 발색을 높이도록 밝은 색을 사용하여 눈두덩이 전체에 발라주는 색상이다.
- 메인 컬러(Main Color) : 베이스 컬러보다는 진한 색상으로 음영을 주고자 하는 부위에 발라준다. 피부색상, 계절, 시간, 장소, 의상에 맞게 선택 한다.
- 포인트 컬러, 액센트 컬러(Point Color, Acent Color) : 깊이감을 주고자 바르는 색상으로 메인 컬러보다는 진한 색상이다.
- 하이라이트 컬러(Hight Color) : 입체감을 주기 위해 눈썹 뼈, 눈두덩 중앙 등 돌출부위에 발라주며 화이트, 아이보리 색상을 주로 사용한다.

3. 아이라이너

눈매를 선명하고 또렷하게 연출하기 위해 발라주며 처진 눈 꼬리를 교정하거나 올라간 눈매를 부드럽게 표현하는 등 눈의 모양을 수정할 수 있다.

1. 종류

1) 형태에 따른 종류
- 펜슬 타입(Pencil Type) : 사용이 간편하고 그라데이션이 가능하다. 부드럽게 발리나 뭉침이나 번짐이 있을 수 있다.
- 리퀴드 타입(Liquid Type) : 진하게 발리며 번짐이 거의 없으나 약간의 광택이 있고 인위적인 느낌이 난다. 두껍게 바를 경우 갈라짐이 있을 수도 있으며 떨어지기도 한다.
- 젤 타입(Gel Type) : 크림 형태로 되어 있어 아이라이너 브러시에 묻혀 바른다. 진하게 발색되며 광택이 없고 마르기 전에 문지르면 그라데이션도 가능하다. 잘 굳기 때문에 관리 및 보관이 중요하다.
- 케익 타입(Cake Type) : 브러시에 토너나 물을 묻혀 사용한다. 농도 조절이 가능하나 물에는 약하여 번짐이 있을 수 있다.

2) 색상별 이미지
- 검정 : 가장 또렷한 눈매를 연출해준다.
- 브라운 : 눈이 큰 사람이나 강한 눈매를 자연스럽고 부드럽게 표현할 때 사용된다.
- 회색 : 자연스러운 눈매 연출이 가능하나 나이가 들어 보일 수 있다.
- 글리터 : 화려한 눈매를 연출하거나 언더라인에 발라주면 초롱초롱한 눈매를 연출할 수 있다.

2. 사용 방법

- 속눈썹 사이를 메우면서 바르고 윗 눈꺼풀의 점막이 보이지 않게 그려준다.
- 한 번에 그리려고 하기 보다는 눈매를 확인 하면서 여러 번의 터치로 그린다.
- 모델의 시선을 아래로 향하게 한 후 눈 앞머리까지 그려 넣는다.

- 눈을 뜨게 한 후 눈매를 확인하고 아이라이너 꼬리를 그려준다.
- 아이라이너 꼬리를 그릴 때에는 붓 끝을 들어 주면서 가늘게 그려준다.
- 언더라인은 아이섀도나 펜슬을 이용하여 부드럽게 그려준다.

4. 마스카라

1. 종류

마스카라는 속눈썹을 길고 풍성하게 표현해주기 위해 사용한다. 마스카라를 사용함으로써 또렷한 눈매 연출이 가능하고 컬링 된 속눈썹의 지속력을 높여주며 눈을 아름답게 보이도록 해준다. 사용 시 양 조절을 통해 되도록 뭉치지 않도록 발라주며 목적과 기능에 따라 마스카라를 선택하여 사용하도록 한다.

- 볼륨 마스카라(Volume Mascara) : 브러시가 굵고 모가 촘촘하여 눈썹 숱이 많고 진해 보이는 효과를 준다.

- 컬링 마스카라(Curling Mascara) : 부착력이 좋고 속눈썹의 컬링을 장시간 유지시켜 준다.

- 롱래쉬 마스카라(Longlash Mascara) : 섬유소, 실리콘 혼합물, 식물성 왁스 등이 속눈썹에 붙어서 실제보다 길고 풍성해 보이도록 도와준다.

- 워터 프루프 마스카라(Waterproof Mascara) : 물이나 땀에 잘 지워지지 않아 여름철에 사용하기 좋다.

2. 사용 방법

- 모델의 시선을 15도 각도 밑으로 향하게 응시시킨 후 아이래시컬러를 사용하여 속눈썹 뿌리 부분부터 속눈썹 끝까지 여러 번에 나누어 집어주어 컬을 만들어 준다.
- 마스카라를 위에서 아래로 먼저 바르는데 이 때 속눈썹이 처지지 않도록 누

르지 말고 들어 올리듯 발라준다. 그 다음 속눈썹 가장 안쪽에서 끝 부분까지 좌우로 올려주듯 발라준다.
- 언더 속눈썹은 마스카라를 세워서 브러시 끝으로 바른다.
- 마스카라가 뭉쳤을 경우 스크류 브러시를 이용하여 정리한다.

5. 인조 속눈썹

1. 기능

인조 속눈썹은 눈매를 뚜렷하고 보다 크게 보이게 하며 그윽하게 보이도록 연출이 가능하다. 길이나 형태, 색상, 소재에 따라 디자인이 다양하며 무대 공연이나 패션쇼, 영상 미디어에서 다양한 이미지 연출 시 도움을 준다. 눈이 작거나 여성스러운 이미지를 원할 시에는 꼬리 부위 속눈썹 길이가 긴 것을 사용하며 귀엽고 동그란 눈매를 연출하고자 할 때에는 가운데 부위가 가장 긴 부채꼴 형태의 속눈썹을 사용한다.

2. 인조 속눈썹 붙이는 방법

- 모델에 눈매에 맞춰 길이를 조절한다. 컷팅이 필요한 경우 속눈썹 꼬리 부위에 붙일 부분을 컷팅한다.
- 속눈썹 전용 글루를 바른 뒤 살짝 말리면 접착력이 높아진다.
- 중앙에 맞추어 위치를 확인한 후 눈머리 2~3mm정도 제외 후 부착시킨다.
- 눈 중앙, 눈머리, 눈 꼬리 순서로 부착시키며 눈 꼬리 부분은 모델의 눈매를 확인 후 살짝 윗부분에 붙여야 눈매가 처져 보이지 않는다.

6. 입술

입술의 형태를 수정 보완하여 얼굴 전체의 균형을 맞추며 색상을 이용하여 혈색을 부여하고 생동감 있는 얼굴을 표현할 수 있다. 또한 입술의 건조함을 막고 영양을 공급한다. 색상은 퍼스널 컬러 진단에 따라 피부색에 맞추는 것이 가장 효과적이며 아이섀도나 블러셔 색상, 의상, 연령에 맞춰 선택한다.

1. 종류

1) 제품에 따른 분류
- 립스틱(Lip Stick) : 막대형태로 가장 대중적이며 사용이 간편하며 다양한 색상이 있다.
- 립 라이너(Lip Liner) : 펜슬형태로 입술의 윤곽을 또렷하게 하거나 형태를 수정하기 위하여 사용한다. 립스틱 보다 매트하여 지속력이 좋으며 자연스러운 연출을 위해서는 립스틱 색상과 같은 색상을 사용한다.
- 립 글로스(Lip Gloss) : 유분감이 많아 입술에 촉촉한 윤기를 주거나 옅은 색감으로 자연스러운 입술을 표현할 때 사용한다. 입술을 볼륨감과 보습을 공급하기도 한다.
- 립 틴트(Lip Tint) : 착색제로 선명하고 지속력이 좋으나 입술이 건조할 수 있다.

2) 색상에 따른 이미지
- 핑크 : 귀엽고 여성스러우며 사랑스러운 이미지 연출이 가능하다. 쿨 톤의 피부색에 잘 어울린다.
- 레드 : 화려하고 여성스러운 이미지 연출이 가능하며 피부색에 구애받지 않고 잘 어울린다. 치아를 가장 하얗게 보이도록 해주는 색상이다.
- 오렌지 : 건강하고 활동적인 이미지 연출이 가능하며 웜 톤의 피부색에 잘 어울린다.

2. 사용 방법

1) 입술 형태에 따른 이미지
- 인 커브(In Curve) : 여성스럽고 귀여운 이미지이다.
- 아웃 커브(Out Curve) : 성숙하고 여성스러운 이미지이다.
- 스트레이트(Straight) : 세련되고 지적인 이미지이다.

2) 립 메이크업 방법
- 윗입술과 아랫입술의 비율은 1 : 1.5가 가장 이상적이다.
- 입술 보호제를 발라 입술을 부드럽게 해준다.
- 파운데이션이나 컨실러를 이용하여 입술색상을 커버할 수 있다.

- 립 라이너를 사용하여 입술라인을 그려준 뒤 브러시를 이용하여 립 라이너가 뭉치지 않도록 펴 바른다. 입술 수정은 안·밖으로 1~2mm 이상 나가지 않도록 한다.
- 입술 전체에 립스틱을 발라준다. 이 때 구각까지 꼼꼼하게 발라준다.
- 밝은 립스틱의 발색을 높이고 싶다면 티슈로 가볍게 눌러주어 유분기를 제거 후 립스틱을 덧발라준다.

3) 입술 형태에 따른 수정 방법
- 크고 두꺼운 입술 : 파운데이션이나 컨실러로 입술을 커버 후 립 라이너를 이용하여 원래 입술 안쪽으로 그린 후 립스틱을 발라준다. 또는 입술 중앙에 립스틱을 바른 후 가장자리로 자연스럽게 그라데이션 하여준다.
- 작고 얇은 입술 : 립 라이너로 원래 입술보다 1~2mm 밖으로 그려준 뒤 립스틱을 바른다. 립글로스를 덧발라 볼륨감을 더할 수 있다.
- 구각이 처진 입술 : 파운데이션이나 컨실러로 구각 부분을 발라준 뒤 립 라이너를 이용하여 구각을 올려 그려준다.

7. 블러셔

얼굴에 혈색을 부여하고 바르는 위치에 따라 얼굴형을 보완할 수도 있다. 아이섀도 색상과 립 컬러 색상, 피부색에 맞춰 색상을 선택하고 귀엽거나 섹시함, 성숙함 등의 이미지에 맞는 메이크업을 한다.

1. 종류

- 케이크 타입(Cake Type) : 가장 보편적으로 사용되는 것으로 파우더를 압축한 것이다. 브러시를 이용하여 바르고 초보자도 손쉽게 사용할 수 있으며 양 조절을 통해 색감을 조절할 수 있다.
- 크림 타입(Cream Type) : 파운데이션을 바른 후 파우더를 바르기 전에 발라주며 손가락을 이용하여 바를 수도 있다. 밀착력이 좋아 자연스러운 혈색을 표현할 수 있으나 색감이 뭉쳐 보일 수 있으니 주의하여야 한다. 립스틱으로도 사용 가능하다.
- 파우더 타입(Powder Type) : 가루 형태로 되어있으므로 브러시나 퍼프를 이

용하여 발라준다. 적당량을 파우더에 섞어서 사용할 수 있다.

2. 사용 방법

1) 블러셔 위치
모델이 정면을 보고 있을 때 눈동자 중앙에서 수직으로 내린 곳과 바깥쪽과 콧망울에서 가로로 지나는 선의 위쪽이 교차되는 지점이 블러셔 기본 위치이다. 블러셔를 바를 때에는 광대뼈 부위가 진하고 볼 중심으로는 연하게 바른다. 얼굴형태에 따라 블러셔의 형태나 위치는 달라질 수 있다.

- 둥근형 : 입 꼬리를 향하도록 바른다.
- 사각형 : 턱 끝을 향하게 둥글게 바른다.
- 긴 형 : 가로방향으로 바른다.
- 역삼각형 : 코 끝을 향하게 바른다.

2) 블러셔 사용 방법
- 옅은 색을 여러 번 덧발라 경계지지 않도록 바른다.
- 처음부터 너무 진하게 바르지 않도록 한다.
- 색이 너무 진하게 발라졌을 경우 티슈로 살짝 눌러주거나 파우더를 덧발라준다.

1과제 뷰티 메이크업 배점적용

준비 및 위생	숙련도 및 기법					완성도 (조화미)	총점
	피부표현	눈썹표현	눈표현	볼표현	입술표현		
3	6	3	6	3	3	6	30점

1. 웨딩(로맨틱) 메이크업

신부의 이미지와 피부 톤, 얼굴형, 계절, 예식장소에 맞는 드레스와 헤어, 메이크업을 해야 한다. 신부는 최대한 화사하고 아름답게 보여야 하며 숭고한 이미지를 표현해야 한다. 과도한 메이크업 보다는 파스텔 톤의 색상과 혈색 있고 결점 없는 깨끗한 피부표현 및 신부의 단점을 보완하고 장점을 살린 메이크업이 번지거나 지워지지 않도록 신경 쓴다.

순수하고 사랑스러우며 낭만적인, 귀여움의 이미지의 신부에게 어울리며 파스텔 톤의 핑크, 코럴, 피치, 오렌지 등의 색상을 사용하여 밝고 화사하게 메이크업한다.

● **장소에 따른 웨딩 메이크업**

■ 예식장 가장 많이 식을 올리는 장소로 실내가 밝고 노란빛의 조명이 설치되어 있다. 붉은색이나 핑크색을 가미하여 사랑스러운 이미지를 연출한다.

■ 호텔 웅장하고 화려한 예식 장소로 화사한 피부표현과 또렷한 눈매를 표현해주고 전반적으로 신부의 이미지가 우아한 느낌이 들도록 표현해준다.

■ 교회 및 성당 조명이 어둡고 엄숙한 느낌이 드는 곳으로 화사한 피부표현과 함께 과도한 눈 화장은 피하며 단정하고 우아한 이미지로 표현한다.

■ 야외 자연광으로 인하여 메이크업의 상태가 육안으로 잘 보이기 때문에 너무 밝고 두꺼운 피부표현은 피하며 자칫 눈이 작아 보일 수 있으므로 뚜렷한 눈매를 표현해준다.

베이스 메이크업		· 모델의 피부 톤보다 밝게 피부표현 한다. · 펄 감이 있는 핑크 파우더나 투명 파우더를 소량 발라 준다.
포인트 메이크업	아이브로우	· 눈썹 산이 각이 지지 않도록 그려주며 브라운, 회갈색, 흑갈색을 사용한다.
	아이	· 펄이 약간 있는 핑크, 피치, 연보라색 등 파스텔 톤을 사용하여 눈화장을 한다. · 크고 동그라며 또렷한 눈 화장을 한다.
	치크	· 핑크, 피치, 라벤더 색상으로 애플 존에 둥글게 발라 귀엽게 표현한다.
	립	· 핑크, 피치, 계열로 발라주며 좀 더 생기가 느껴지도록 입술 중앙에 붉은 기를 더해주고 글로시한 질감으로 마무리 한다.

과제명

뷰티 메이크업 웨딩(로맨틱)

시험시간   40분 배점 30점

❶ 요구사항

※ 지참재료 및 도구를 사용하여 아래의 요구사항에 따라 뷰티 메이크업 웨딩(로맨틱)을 시험시간 내에 완성하시오.

가. 과제를 수행하기 전 수험자의 손 및 도구류를 소독한 후 제시된 도면을 참고하여 웨딩(로맨틱) 메이크업 스타일을 연출하시오.
나. 모델의 피부 톤에 적합한 메이크업베이스를 선택하여 얇고 고르게 펴 바르시오.
다. 모델의 피부보다 한 톤 밝게 표현하시오.
라. 섀딩과 하이라이트 후 파우더로 가볍게 마무리하시오.
마. 모델의 눈썹 모양에 맞추어 흑갈색으로 그리되 눈썹 산이 각지지 않게 둥근 느낌으로 그리시오.
바. 아이섀도는 펄이 약간 가미된 연 핑크색으로 눈두덩과 언더라인 전체에 바르시오.
사. 연보라색 아이섀도로 도면과 같이 아이라인 주변을 짙게 바르고 눈두덩 위로 자연스럽게 그라데이션 한 후 눈꼬리 언더 라인 1/2~1/3까지 그라데이션 하시오. (단, 아이섀도 연출 시 아이홀 라인의 경계가 생기지 않게 그라데이션 하시오).
아. 아이라인은 아이라이너로 속눈썹 사이를 메꾸어 그리고 눈매를 아름답게 교정하시오.
자. 뷰러를 이용하여 자연 속눈썹을 컬링 하시오.
차. 인조 속눈썹은 모델 눈에 맞춰 붙이고 마스카라를 발라주시오.
카. 치크는 핑크 색으로 애플 존 위치에 둥근 느낌으로 바르시오.
타. 립은 핑크색으로 입술 안쪽을 짙게 바르고 바깥으로 그라데이션 한 후 립글로스로 촉촉하게 마무리하시오.

❷ 수험자 유의사항

1) 모델은 문신(눈썹, 아이라인, 입술 등), 속눈썹 연장 및 메이크업이 되어 있지 않은 상태이어야 합니다.
2) 스파출라, 속눈썹 가위, 족집게 눈썹칼 등의 도구류를 사용 전 소독제로 소독해야 합니다.
3) 메이크업 베이스, 파운데이션을 펴 바를 때 스펀지 퍼프 또는 브러시를 사용하시오.
4) 아이섀도, 치크, 립 등의 표현 시 브러시 등 적합한 도구를 사용하시오.
5) 화장품은 요구사항에 지정된 제형 외에는 타입에 상관없이 자유롭게 사용하시오.

| 자격종목 | 미용사(메이크업) | 과제명 | 뷰티 메이크업 웨딩(로맨틱) | 척도 | NS |

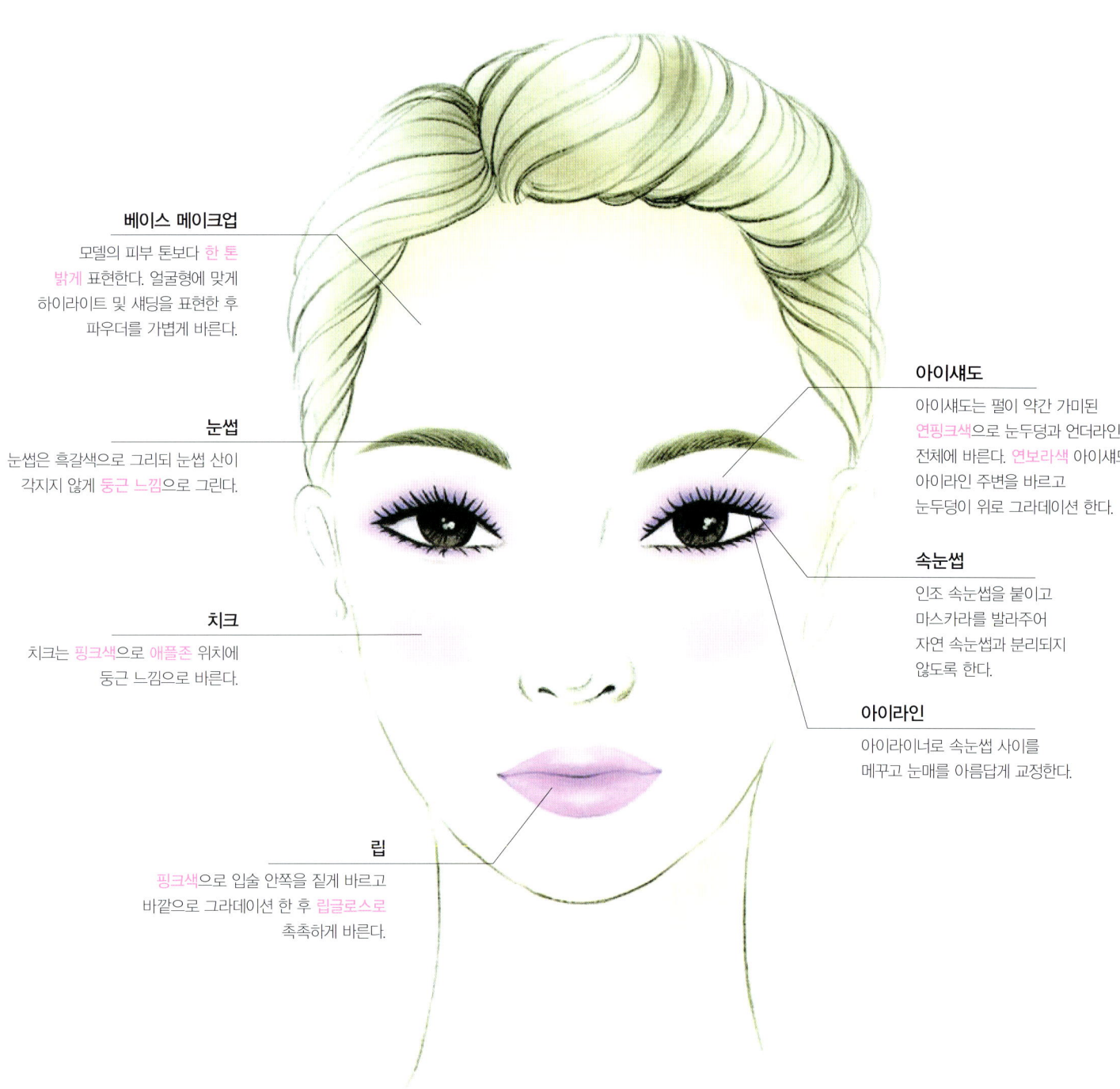

베이스 메이크업
모델의 피부 톤보다 한 톤 밝게 표현한다. 얼굴형에 맞게 하이라이트 및 섀딩을 표현한 후 파우더를 가볍게 바른다.

눈썹
눈썹은 흑갈색으로 그리되 눈썹 산이 각지지 않게 둥근 느낌으로 그린다.

치크
치크는 핑크색으로 애플존 위치에 둥근 느낌으로 바른다.

아이섀도
아이섀도는 펄이 약간 가미된 연핑크색으로 눈두덩과 언더라인 전체에 바른다. 연보라색 아이섀도로 아이라인 주변을 바르고 눈두덩이 위로 그라데이션 한다.

속눈썹
인조 속눈썹을 붙이고 마스카라를 발라주어 자연 속눈썹과 분리되지 않도록 한다.

아이라인
아이라이너로 속눈썹 사이를 메꾸고 눈매를 아름답게 교정한다.

립
핑크색으로 입술 안쪽을 짙게 바르고 바깥으로 그라데이션 한 후 립글로스로 촉촉하게 바른다.

재료

1. 소독제
2. 위생봉투
3. 메이크업 베이스
4. 리퀴드 파운데이션
5. 크림 파운데이션
6. 컨실러
7. 페이스 파우더
8. 하이라이트 & 새딩
9. 메이크업용 브러시 셋트
10. 아이섀도 팔레트
11. 립 팔레트
12. 아이브로우 펜슬
13. 립 펜슬
14. 젤 아이라이너
15. 리퀴드 아이라이너
16. 마스카라
17. 펄 파우더
18. 팔레트
19. 면봉
20. 탈지면 용기
21. 미용솜
22. 스파츌라
23. 눈썹 가위
24. 눈썹 칼
25. 족집게
26. 뷰러
27. 인조 속눈썹
28. 속눈썹 접착제
29. 스펀지
30. 분첩
31. 집게(속눈썹 부착용)
32. 립 글로스

웨딩 메이크업 (로맨틱)

1 베이스 메이크업·피부 표현

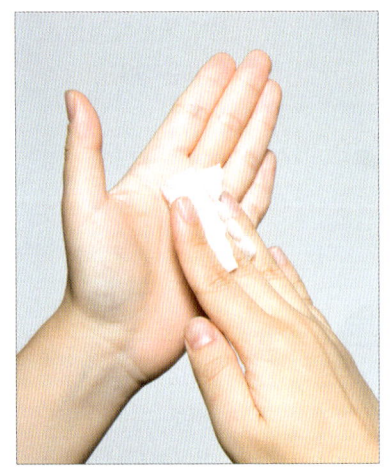

※ 소독 및 위생
과제를 수행하기 전 수험자의 손 및 도구류를 소독합니다.

1 메이크업 베이스
모델의 피부 톤에 적합한 메이크업 베이스를 선택하여 얇고 고르게 펴 바릅니다.

2 파운데이션
모델의 피부 톤보다 한 톤 밝게 표현합니다.
tip_ 스펀지를 사용하여 피부를 잘 커버한다.

3 하이라이터
아이보리 색상의 파운데이션을 이용하여 이마, 코, 눈썹 뼈, 눈 밑, 턱 등 부위에 발라줍니다.
tip_ 패팅 기법을 이용하여 발라준다.

4 섀딩
모델의 피부 톤보다 약간 어두운 톤의 파운데이션을 이용하여 헤어라인 및 페이스 라인, 코 벽을 발라줍니다.
tip_ 경계선이 지지 않도록 주의하며 모델 얼굴형에 맞춰 수정한다.

5 파우더
파우더로 가볍게 마무리 합니다.
tip_ 브러시를 이용하여 가볍게 발라준다.

② 포인트 메이크업·눈 화장

1 눈썹
모델의 눈썹 모양에 맞추어 흑갈색으로 그리되 눈썹 산이 각지지 않게 둥근 느낌으로 그립니다.

2 아이섀도
눈썹 뼈와 눈두덩에 화이트 아이섀도를 발라 깨끗하게 표현합니다.

3 아이섀도
펄이 약간 가미된 연핑크색으로 눈두덩과 언더라인 전체에 바릅니다.

4 아이섀도
연보라색 아이섀도로 아이라인 주변을 짙게 바르고 눈두덩 위로 자연스럽게 그라데이션 한 후 눈꼬리 언더라인 1/2~1/3까지 그라데이션 합니다.

5 아이라인
블랙 펜슬을 이용하여 속눈썹 사이를 메꾸고 눈매를 교정하여 주고 아이 같은 색상 아이섀도를 덧발라 아이라이너가 뭉치거나 번지지 않도록 합니다.

6 속눈썹
아이래시컬러를 이용하여 속눈썹을 컬링합니다.

7 속눈썹
인조 속눈썹을 모델 눈에 맞춰 붙입니다.
tip_ 인조 속눈썹의 붙이는 각도에 주의하여 처지지 않도록 주의한다.

8 아이라인
리퀴드나 젤 아이라이너를 이용하여 그려줍니다.

9 속눈썹
마스카라를 발라줍니다.
tip_ 모델 속눈썹과 인조 속눈썹이 분리되지 않도록 주의한다.

③ 포인트 메이크업·볼 화장

1 치크
핑크색으로 애플존 위치에 둥근 느낌으로 바릅니다.
*tip_* 경계선이지지 않도록 주의한다.

④ 포인트 메이크업·입술화장

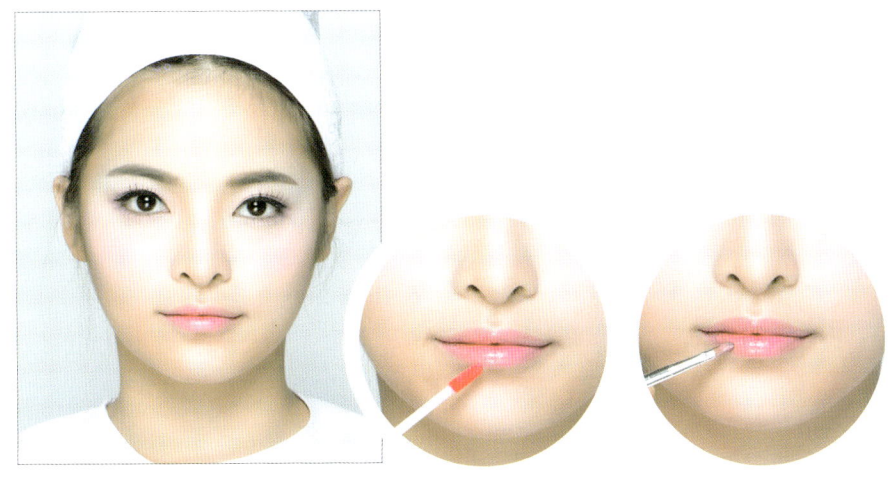

1 입술
핑크색으로 입술 안쪽을 짙게 바르고 바깥으로 그라데이션 한 후 립글로스로 촉촉하게 마무리 합니다.

5 완성

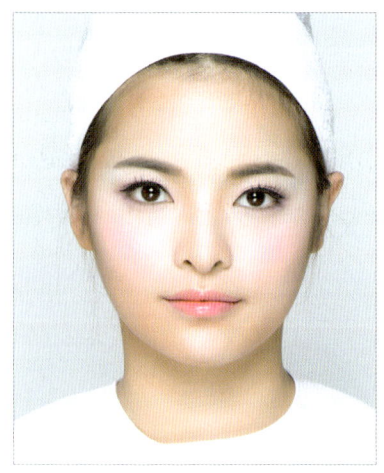

2. 웨딩(클래식) 메이크업

클래식이란 고전적이며 전통적인 의미를 지니고 있으며 시간을 초월하는 개념으로 유행과 관계없이 보편성을 지닌 웨딩 메이크업이라고 볼 수 있다. 우아하고 고상하며 단아한 느낌의 신부 연출이 가능하다. 베이지, 브라운, 오렌지, 피치, 골드, 로즈 등의 색상을 이용하여 메이크업 한다.

베이스 메이크업		· 피부 톤에 맞는 파운데이션으로 깨끗하게 표현한다. · 컨실러를 이용하여 잡티를 커버한다. · 펄 감이 적은 하이라이트와 한 톤 어두운 섀딩을 사용하여 얼굴에 입체감을 준다. · 투명 파우더로 매트하게 표현한다.
포인트 메이크업	아이브로우	· 브라운, 회갈색, 흑갈색으로 모델의 얼굴형을 고려하여 살짝 각이 지고 또렷하게 표현한다.
	아이	· 채도가 낮은 색상을 사용하여 차분하고 우아한 이미지로 표현한다. · 베이지, 라이트 브라운, 핑크 브라운, 피치, 골드 색상을 사용한다. · 눈매가 길고 또렷해 보이도록 아이메이크업 한다.
	치크	· 코럴, 피치 색상으로 광대뼈를 감싸듯 표현한다.
	립	· 입술라인을 또렷하게 표현하며 피치, 베이지 핑크, 로즈 핑크 색상으로 발라준다.

과제명	**뷰티 메이크업 웨딩(클래식)**

시험시간 40분 배점 30점

① 요구사항

※ 지참재료 및 도구를 사용하여 아래의 요구사항에 따라 뷰티 메이크업 웨딩(클래식)을 시험시간 내에 완성하시오.

가. 과제를 수행하기 전 수험자의 손 및 도구류를 소독한 후 제시된 도면을 참고하여 웨딩(클래식) 메이크업 스타일을 연출하시오.
나. 모델의 피부 톤에 적합한 메이크업베이스를 선택하여 얇고 고르게 펴 바르시오.
다. 모델의 피부 톤에 맞춰 결점을 커버하여 깨끗하게 피부표현 하시오.
라. 섀딩과 하이라이트로 윤곽 수정 후 파우더로 매트하게 마무리하시오.
마. 모델의 눈썹 모양에 맞추어 흑갈색으로 그리되 눈썹 산이 약간 각지도록 그려주시오.
바. 피치색의 아이섀도를 눈두덩 전체에 펴 바른 후 브라운색으로 속눈썹 라인에 깊이감을 주고 눈두덩 위로 펴 바르시오.
사. 눈 앞머리의 위, 아래에는 골드 펄을 발라 화려함을 연출하시오.
아. 아이라인은 속눈썹 사이를 메꾸어 그리고 눈매를 아름답게 교정하시오.
자. 뷰러를 이용하여 자연 속눈썹을 컬링 하시오.
차. 인조 속눈썹은 뒤쪽이 긴 스타일로 모델 눈에 맞춰 붙이고 마스카라를 발라주시오.
카. 치크는 피치 색으로 광대뼈 바깥에서 안쪽으로 블렌딩 하시오.
타. 립 컬러는 베이지 핑크색으로 바르고 입술 라인을 선명하게 표현하시오.

② 수험자 유의사항

1) 모델은 문신(눈썹, 아이라인, 입술 등), 속눈썹 연장 및 메이크업이 되어 있지 않은 상태이어야 합니다.
2) 스파츌라, 속눈썹 가위, 족집게, 눈썹칼 등의 도구류를 사용 전 소독제로 소독해야 합니다.
3) 메이크업 베이스, 파운데이션을 펴 바를 때 스펀지 퍼프 또는 브러시를 사용하시오.
4) 아이섀도, 치크, 립 등의 표현 시 브러시 등 적합한 도구를 사용하시오.
5) 화장품은 요구사항에 지정된 제형 외에는 타입에 관계 없이 자유롭게 사용하시오.

재료

1. 소독제
2. 위생봉투
3. 메이크업 베이스
4. 리퀴드 파운데이션
5. 크림 파운데이션
6. 컨실러
7. 페이스 파우더
8. 하이라이트 & 섀딩
9. 메이크업용 브러시 셋트
10. 아이섀도 팔레트
11. 립 팔레트
12. 아이브로우 펜슬
13. 립 펜슬
14. 젤 아이라이너
15. 리퀴드 아이라이너
16. 마스카라
17. 펄 파우더
18. 팔레트
19. 면봉
20. 탈지면 용기
21. 미용솜
22. 스파츌라
23. 눈썹 가위
24. 눈썹 칼
25. 족집게
26. 뷰러
27. 인조 속눈썹
28. 속눈썹 접착제
29. 스펀지
30. 분첩
31. 집게(속눈썹 부착용)
32. 립 글로스

웨딩 메이크업(클래식)

① 베이스 메이크업·피부 표현

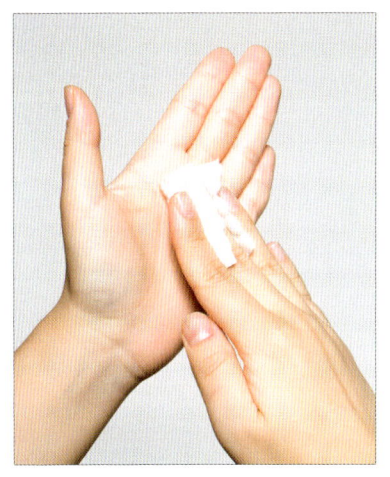

❋ 소독 및 위생
과제를 수행하기 전 수험자의 손 및 도구류를 소독합니다.

1 메이크업 베이스
모델의 피부 톤에 적합한 메이크업 베이스를 선택하여 얇고 고르게 펴 바릅니다.

2 파운데이션
모델의 피부 톤보다 한 톤 밝게 표현합니다.
tip_ 스펀지를 사용하여 피부를 잘 커버한다.

3 잡티커버
피부의 결점 등을 커버하기 위해 컨실러 등을 사용할 수 있습니다.
tip_ 잡티 및 눈 밑, 코 주변, 입 주변 등을 깨끗하게 표현해 주며 파우더를 발라주어 지속력을 높이도록 한다.

4 하이라이터
아이보리 색상의 파운데이션을 이용하여 이마, 코, 눈썹 뼈, 눈 밑, 턱 등 부위에 발라줍니다.
tip_ 패팅 기법을 이용하여 발라준다.

5 섀딩
모델의 피부 톤보다 약간 어두운 톤의 파운데이션을 이용하여 헤어라인 및 페이스 라인, 코 벽을 발라줍니다.
tip_ 경계선이지지 않도록 주의하며 모델 얼굴형에 맞춰 수정한다.

6 파우더
파우더로 매트하게 마무리 합니다.
tip_ 퍼프를 이용하여 꼼꼼히 발라준다.

2 포인트 메이크업·눈 화장

1 눈썹
모델의 눈썹 모양에 맞추어 흑갈색으로 그리되 눈썹 산이 각지도록 그려줍니다.

2 아이섀도
눈썹 뼈와 눈두덩에 화이트 아이섀도를 발라 깨끗하게 표현합니다.

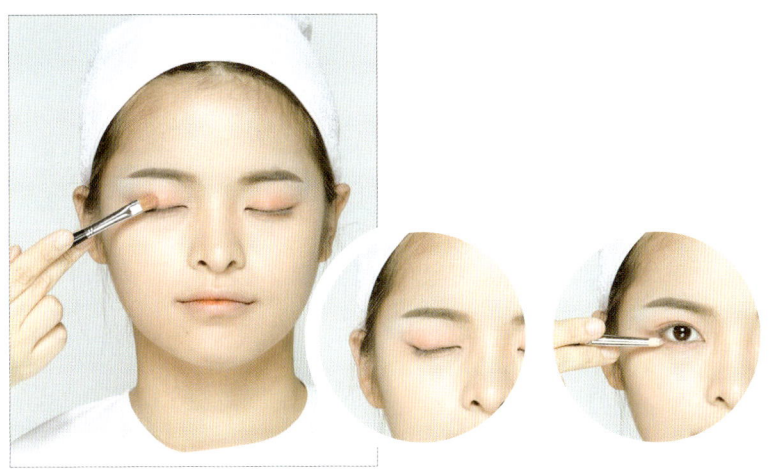

3 아이섀도
피치색으로 눈두덩과 언더라인 전체에 바릅니다.

4 아이섀도
브라운색으로 속눈썹 라인에 깊이감을 주고 눈두덩 위로 펴 바릅니다.

  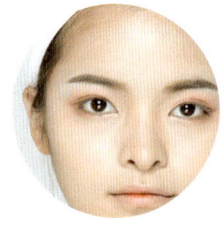 

5 아이섀도
눈 앞머리의 위·아래에는 골드 펄을 발라 화려함을 연출합니다.
tip_ 뭉치지 않도록 표현한다.

6 아이라인
속눈썹 사이를 메꾸고 눈매를 교정하여 줍니다.

7 속눈썹
아이래시컬러를 이용하여 속눈썹을 컬링합니다.

8 속눈썹
인조 속눈썹은 뒤쪽이 긴 스타일로 모델 눈에 맞춰 붙입니다.
tip_ 인조 속눈썹의 붙이는 각도에 주의하여 처지지 않도록 주의한다.

9 아이라인
리퀴드나 젤 아이라이너를
이용하여 그려줍니다.

10 속눈썹
마스카라를 발라줍니다.
tip_ 모델 속눈썹과 인조 속눈썹이 분리
되지 않도록 주의한다.

③ 포인트 메이크업 . 볼 화장, 입술화장

1 치크
피치색으로 광대뼈 바깥에서
안쪽으로 블렌딩 합니다.
tip_ 브러시 방향에 주의하며
경계선이지지 않도록 주의한다.

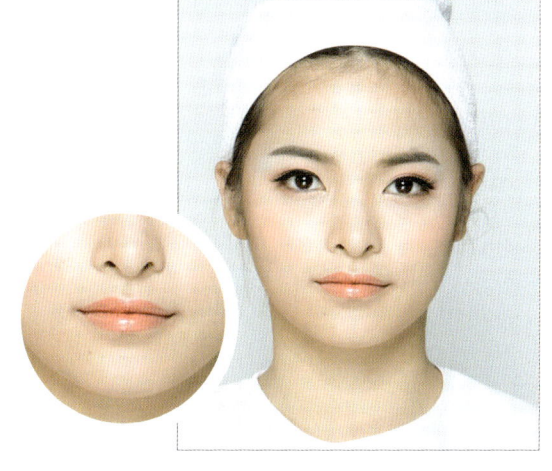

1 입술
베이지 핑크색으로 바르고
입술라인을 선명하게 표현하시오.

4 완성

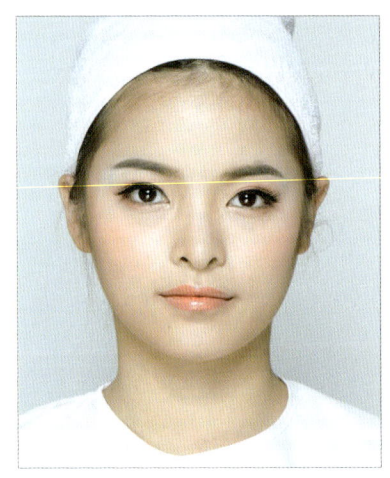
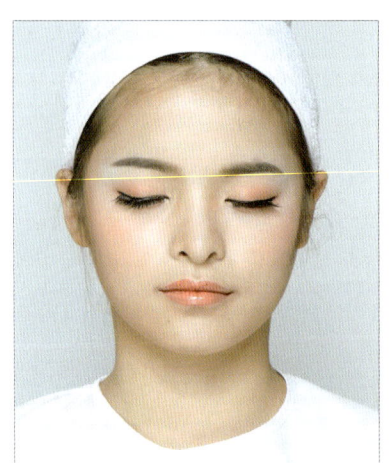

3. 한복 메이크업

고전적이고 전통적인 메이크업으로 부드러운 곡선의 느낌과 우아하고 단아한 이미지로 표현한다. 한복의 색상과 동일한 계통의 색상을 선택하여 메이크업한다.

베이스 메이크업		· 모델의 피부 톤보다 밝게 표현한다. · 하이라이트와 섀딩을 이용하여 얼굴에 입체감을 준다. · 투명파우더나 핑크 파우더로 매트하게 표현한다.
포인트 메이크업	아이브로우	· 브라운이나 회갈색, 흑갈색을 이용하여 둥글고 자연스럽게 그려준다.
	아이	· 피치, 코럴, 베이지 계열로 차분하고 화사하게 표현하며 브라운 섀도로 눈매를 또렷하게 포인트를 준다.
	치크	· 피치, 코럴, 오렌지 계열을 한복의 색상에 맞춰 자연스러운 혈색이 느껴지도록 발라준다.
	립	· 코럴, 피치, 핑크 색상을 한복에 맞춰 발라준다.

과제명

뷰티 메이크업 (한복)

시험시간 40분 배점 30점

❶ 요구사항

※ 지참재료 및 도구를 사용하여 아래의 요구사항에 따라 뷰티 메이크업(한복)을 시험시간 내에 완성하시오.

가. 과제를 수행하기 전 수험자의 손 및 도구류를 소독한 후 제시된 도면을 참고하여 한복 메이크업 스타일을 연출하시오.
나. 모델의 피부 톤에 적합한 메이크업베이스를 선택하여 얇고 고르게 펴 바르시오.
다. 모델의 피부 톤에 맞춰 결점을 커버하여 깨끗하게 피부표현 하시오.
라. 섀딩과 하이라이트 후 파우더로 가볍게 마무리하시오.
마. 모델의 눈썹 모양에 맞추어 자연스러운 브라운 컬러의 눈썹을 표현하시오.
바. 아이섀도의 표현은 펄이 약간 가미된 피치색으로 눈두덩이와 언더라인 전체에 바르시오.
사. 브라운색 아이섀도로 도면과 같이 아이라인 주변을 짙게 바르고 눈두덩이 위로 자연스럽게 그라데이션 한 후 눈꼬리 언더라인 1/2~1/3까지 그라데이션 하시오(단, 아이섀도 연출시 아이홀 라인의 경계가 생기지 않게 그라데이션 하시오).
아. 언더라인에는 밝은 크림색 섀도를 덧발라 애교 살이 돋보이도록 하시오.
자. 아이라인은 속눈썹 사이를 메꾸어 그리고 눈매를 아름답게 교정하시오.
차. 뷰러를 이용하여 자연 속눈썹을 컬링 하시오.
카. 인조 속눈썹은 모델 눈에 맞춰 붙이고 마스카라를 발라주시오.
타. 치크는 오렌지 계열로 광대뼈 위쪽에 안에서 바깥으로 블렌딩해서 바르시오.
파. 립 컬러는 오렌지 레드색으로 바르고 입술 라인을 선명하게 표현하시오.

❷ 수험자 유의사항

1) 모델은 문신(눈썹, 아이라인, 입술 등), 속눈썹 연장 및 메이크업이 되어 있지 않은 상태이어야 합니다.
2) 스파출라, 속눈썹 가위, 족집게, 눈썹칼 등의 도구류를 사용 전 소독제로 소독해야 합니다.
3) 메이크업 베이스, 파운데이션을 펴 바를 때 스펀지 퍼프 또는 브러시를 사용하시오.
4) 아이섀도, 치크, 립 등의 표현 시 등 적합한 도구를 사용하시오.
5) 화장품은 요구사항에 지정된 제형 외에는 타입에 상관없이 자유롭게 사용하시오.

| 자격종목 | 미용사(메이크업) | 과제명 | 뷰티 메이크업
한복 | 척도 | NS |

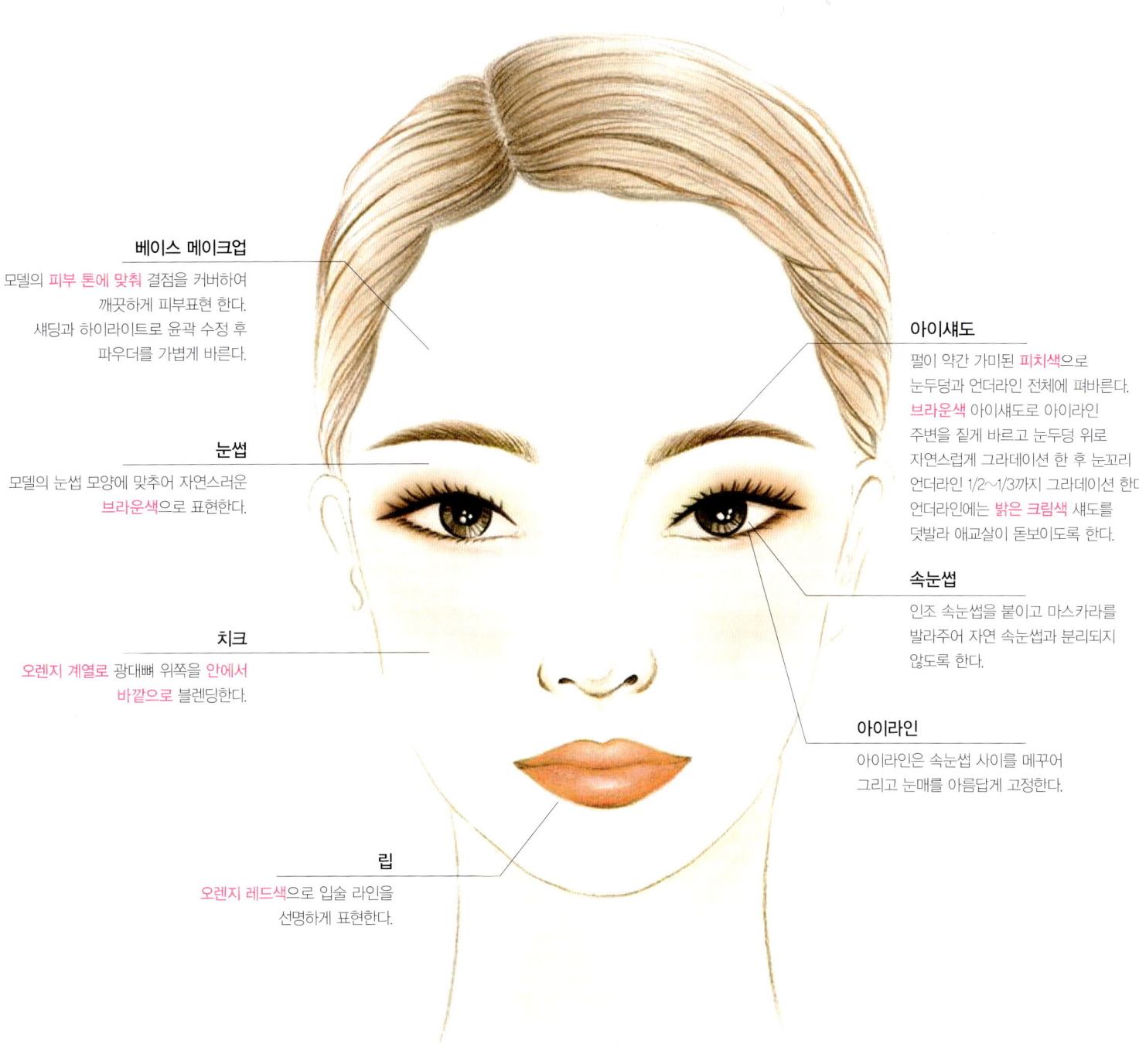

베이스 메이크업
모델의 피부 톤에 맞춰 결점을 커버하여 깨끗하게 피부표현 한다. 셰딩과 하이라이트로 윤곽 수정 후 파우더를 가볍게 바른다.

눈썹
모델의 눈썹 모양에 맞추어 자연스러운 브라운색으로 표현한다.

치크
오렌지 계열로 광대뼈 위쪽을 안에서 바깥으로 블렌딩한다.

아이섀도
펄이 약간 가미된 피치색으로 눈두덩과 언더라인 전체에 펴바른다. 브라운색 아이섀도로 아이라인 주변을 짙게 바르고 눈두덩 위로 자연스럽게 그라데이션 한 후 눈꼬리 언더라인 1/2~1/3까지 그라데이션 한다. 언더라인에는 밝은 크림색 섀도를 덧발라 애교살이 돋보이도록 한다.

속눈썹
인조 속눈썹을 붙이고 마스카라를 발라주어 자연 속눈썹과 분리되지 않도록 한다.

아이라인
아이라인은 속눈썹 사이를 메꾸어 그리고 눈매를 아름답게 고정한다.

립
오렌지 레드색으로 입술 라인을 선명하게 표현한다.

재료

1. 소독제
2. 위생봉투
3. 메이크업 베이스
4. 리퀴드 파운데이션
5. 크림 파운데이션
6. 컨실러
7. 페이스 파우더
8. 하이라이트 & 새딩
9. 메이크업용 브러시 셋트
10. 아이섀도 팔레트
11. 립 팔레트
12. 아이브로우 펜슬
13. 립 펜슬
14. 젤 아이라이너
15. 리퀴드 아이라이너
16. 마스카라
17. 펄 파우더
18. 팔레트
19. 면봉
20. 탈지면 용기
21. 미용솜
22. 스파츌라
23. 눈썹 가위
24. 눈썹 칼
25. 족집게
26. 뷰러
27. 인조 속눈썹
28. 속눈썹 접착제
29. 스펀지
30. 분첩
31. 집게(속눈썹 부착용)
32. 립 글로스

한복

① 베이스 메이크업·피부 표현

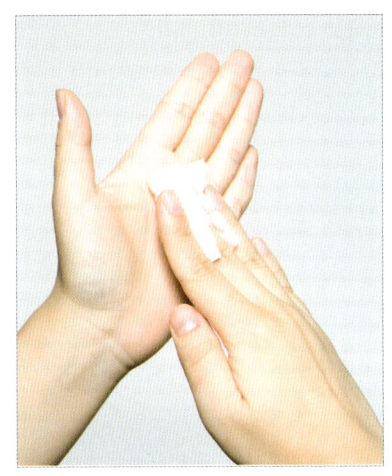

※ 소독 및 위생
과제를 수행하기 전 수험자의 손 및 도구류를 소독합니다.

1 메이크업 베이스
모델의 피부 톤에 적합한 메이크업 베이스를 선택하여 얇고 고르게 펴 바릅니다.

2 파운데이션
모델의 피부 톤보다 한 톤 밝게 표현합니다.
*tip_* 스펀지를 사용하여 피부를 잘 커버한다.

3 잡티커버
피부의 결점 등을 커버하기 위해 컨실러 등을 사용할 수 있습니다.
*tip_* 잡티 및 눈 밑, 코 주변, 입 주변 등을 깨끗하게 표현해 주며 파우더를 발라주어 지속력을 높이도록 한다.

4 하이라이터
아이보리 색상의 파운데이션을 이용하여 이마, 코, 눈썹 뼈, 눈 밑, 턱 등 부위에 발라줍니다.
*tip_* 패팅 기법을 이용하여 발라준다.

5 섀딩
모델의 피부 톤보다 약간 어두운 톤의 파운데이션을 이용하여 헤어라인 및 페이스 라인, 코 벽을 발라줍니다.
tip_ 경계선이지지 않도록 주의하며 모델 얼굴형에 맞춰 수정한다.

6 파우더
파우더로 가볍게 마무리 합니다.
tip_ 브러시를 이용하여 가볍게 발라준다.

2 포인트 메이크업. 눈 화장

1 눈썹
모델의 눈썹 모양에 맞추어 자연스러운 브라운색의 눈썹을 표현합니다.

2 아이섀도
눈썹 뼈와 눈두덩에 화이트 아이섀도를 발라 깨끗하게 표현합니다.

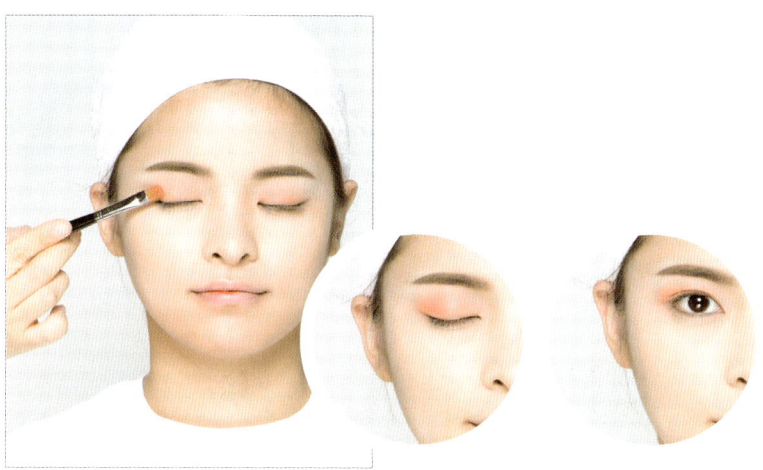

3 아이섀도
펄이 약간 가미된 피치색으로 눈두덩과 언더라인 전체에 펴 바릅니다.
tip_ 아이홀 높이까지 발라주며 경계선이지지 않도록 주의한다.

4 아이섀도
언더라인에도 펴 발라줍니다.

5 아이섀도
브라운색 아이섀도로 도면과 같이 아이라인 주변을 짙게 바르고 눈두덩 위로 자연스럽게 그라데이션 합니다.
tip_ 쌍꺼풀 높이까지 그라데이션 한다.

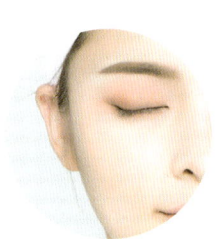

6 아이섀도
눈꼬리 언더라인 1/2~1/3까지 그라데이션 합니다.
tip_ 너무 넓은 범위로 바르지 않도록 주의한다.

7 속눈썹
아이래시컬러를 이용하여 속눈썹을 컬링합니다.

8 속눈썹
인조 속눈썹을 모델 눈에 맞춰 붙여줍니다.
tip_ 인조 속눈썹의 붙이는 각도에 주의하여 처지지 않도록 주의한다.

9 속눈썹
마스카라를 발라줍니다.
tip_ 모델 속눈썹과 인조 속눈썹이 분리되지 않도록 주의한다.

10 아이라인
리퀴드나 젤 아이라이너를 이용하여 그려줍니다.

③ 윤곽수정

1 하이라이터
아이보리 색상을 이용하여 T-zone, 눈 밑, 턱 부위에 하이라이터를 표현한다.

2 섀딩
피부 톤보다 어두운 색상을 이용하여 헤어라인, 페이스 라인, 코 벽에 섀딩을 표현합니다.
tip_ 얼굴 형에 맞춰 표현한다.

④ 포인트 메이크업·볼 화장·입술화장

1 치크
오렌지 계열로 광대뼈 위쪽에서 안에서 바깥쪽으로 블렌딩해서 발라줍니다.
tip_ 브러시 방향에 주의하며 경계선이지지 않도록 주의한다.

1 입술
오렌지 레드색으로 바르고 입술라인을 선명하게 표현합니다..

5 완성

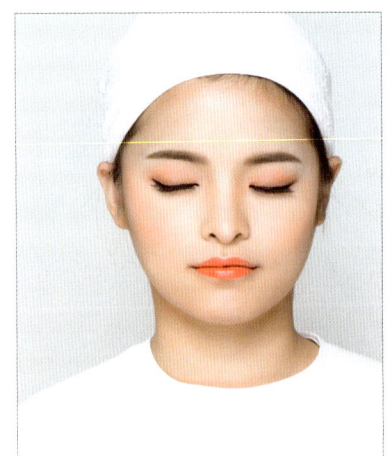

4. 내추럴 메이크업

내추럴이란 '자연의, 바탕 그대로, 가공하지 않은'의미를 지녔으며 인위적이지 않고 자연스러운 메이크업을 뜻한다. 피부의 결점을 완벽하게 커버하기 보다는 자연스럽게 표현하며 한 듯 안한 듯 표현한다. 포인트 메이크업도 선이나 색상을 과하지 않게 표현한다.

베이스 메이크업		· 모델의 피부 톤에 맞는 리퀴드 파운데이션을 사용한다. · 컨실러를 이용하여 잡티를 커버할 수 있다. · 투명파우더를 소량 사용하여 자연스럽게 발라준다.
포인트 메이크업	아이브로우	· 모델의 눈썹 결을 살려 모발 색과 동일한 색상으로 자연스럽게 그린다.
	아이	· 펄이 없는 아이섀도를 사용하고 베이지, 라이트 브라운, 살구색 등 피부 톤과 유사한 색상을 사용한다. · 아이라이너는 펜슬이나 아이섀도를 이용하여 속눈썹 사이사이 빈 곳을 메우듯 그린다. · 인조 속눈썹은 붙이지 않으며 자연 속눈썹에 마스카라가 뭉치지 않도록 발라준다.
	치크	· 피치, 살구 색, 연한 핑크 색상으로 자연스럽게 혈색을 준다.
	립	· 베이지 핑크, 피치 색상을 사용하여 자연스럽게 발라준다.

과제명

뷰티 메이크업(내추럴)

시험시간 40분 배점 30점

❶ 요구사항

※ 지참재료 및 도구를 사용하여 아래의 요구사항에 따라 뷰티 메이크업(내츄럴)을 시험시간 내에 완성하시오.

가. 과제를 수행하기 전 수험자의 손 및 도구류를 소독한 후 제시된 도면을 참고하여 뷰티 메이크업 내츄럴 스타일을 연출하시오.
나. 모델의 피부 톤에 적합한 메이크업베이스를 선택하여 얇고 고르게 펴 바르시오.
다. 베이스 메이크업은 모델 피부색과 비슷한 리퀴드 파운데이션을 사용하시오.
라. 피부의 결점 등을 커버하기 위하여 컨실러 등을 사용할 수 있으며 파운데이션은 두껍지 않게 골고루 펴 바르며 투명 파우더를 사용하여 마무리하시오.
마. 눈썹의 표현은 모델의 눈썹의 결을 최대한 살려 자연스럽게 그려주시오.
바. 아이섀도의 표현은 펄이 없는 베이지색으로 눈두덩이와 언더라인 전체에 바르시오.
사. 브라운색으로 도면과 같이 아이라인 주변을 바르고 눈두덩이 위로 자연스럽게 그라데이션 한 후 눈꼬리 언더라인 1/2~1/3까지 그라데이션 하시오(단, 아이섀도 연출 시 아이홀 라인의 경계가 생기지 않게 그라데이션 하시오).
아. 아이라인은 브라운 컬러의 섀도 타입이거나 펜슬 타입을 이용하여 점막을 채우듯이 속눈썹 사이를 메꾸어 그리고 눈매를 자연스럽게 교정하시오.
자. 아이래시를 이용하여 자연 속눈썹을 컬링 하시오.
차. 속눈썹은 마스카라를 이용하여 자연스럽게 표현해주시오.
카. 치크는 피치 컬러로 광대뼈 안쪽에서 바깥쪽으로 블렌딩 하시오.
타. 립은 베이지 핑크색으로 자연스럽게 발라 마무리하시오.

❷ 수험자 유의사항

1) 모델은 문신(눈썹, 아이라인, 입술 등), 속눈썹 연장 및 메이크업이 되어 있지 않은 상태이어야 합니다.
2) 스파출라, 속눈썹 가위, 족집게, 눈썹칼 등의 도구류를 사용 전 소독제로 소독해야 합니다.
3) 메이크업 베이스, 파운데이션을 펴 바를 때 스펀지 퍼프 또는 브러시를 사용하시오.
4) 아이섀도, 치크, 립 등의 표현 시 등 적합한 도구를 사용하시오.
5) 화장품은 요구사항에 지정된 제형 외에는 타입에 상관없이 자유롭게 사용하시오.

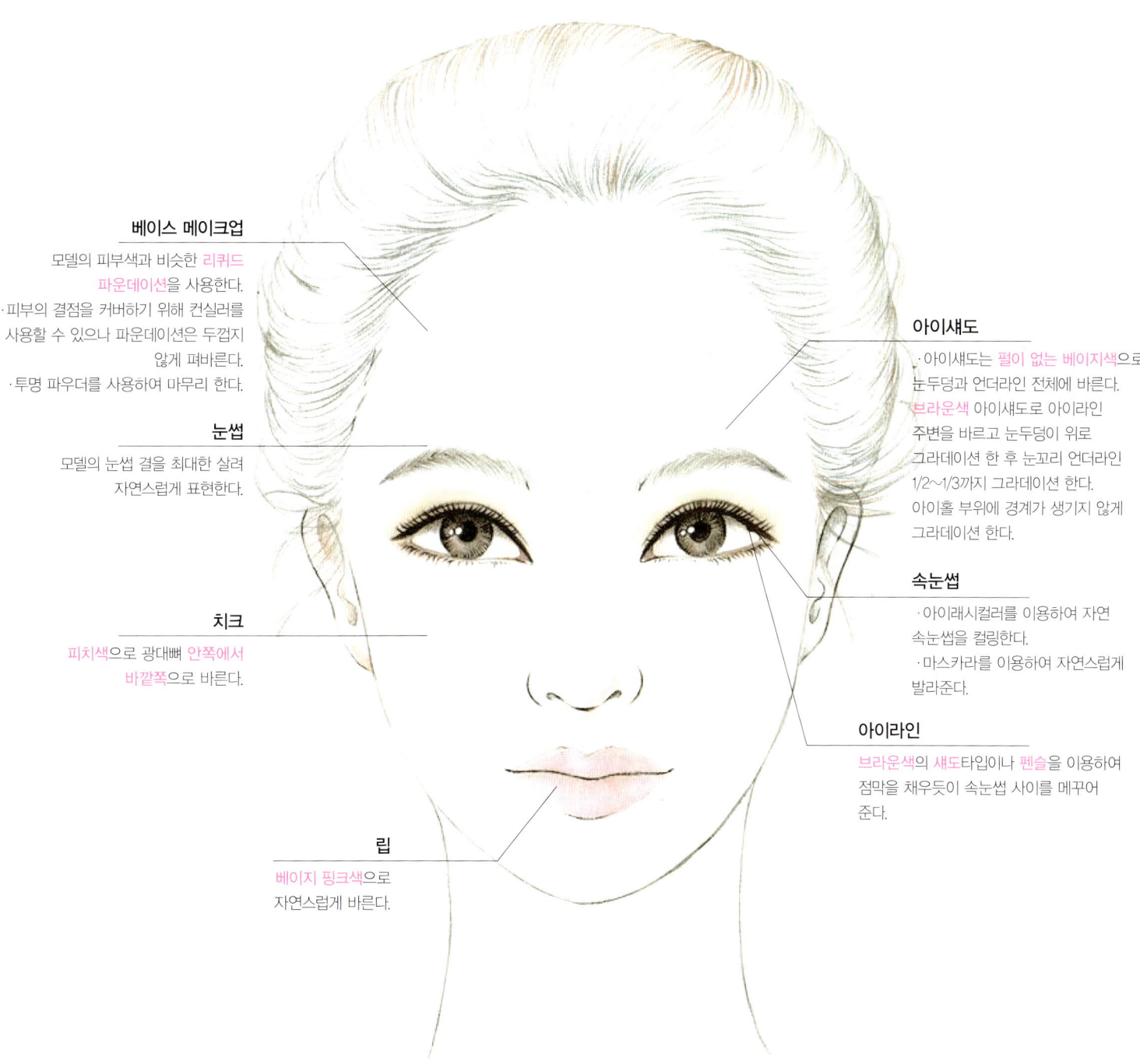

재료

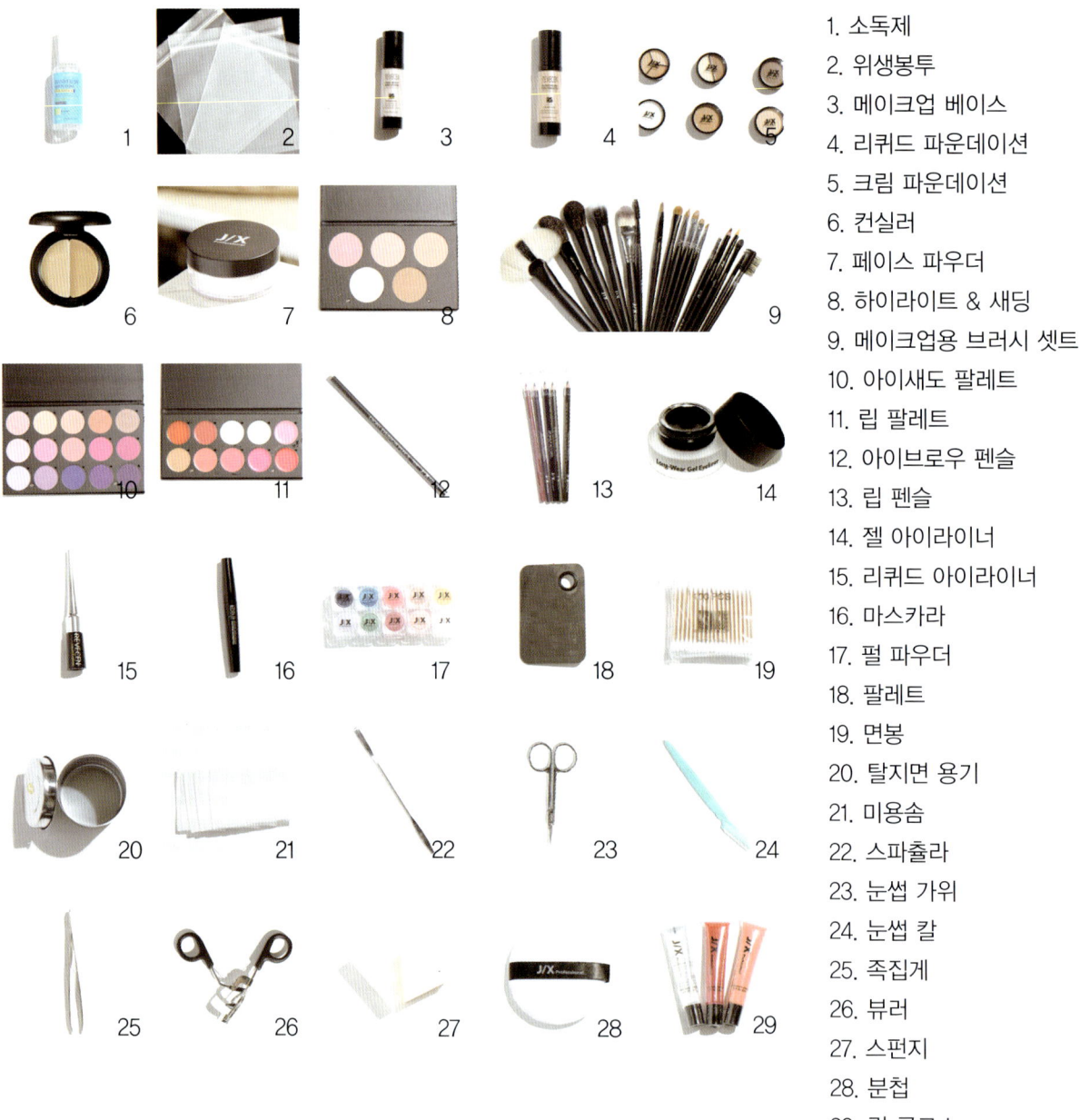

1. 소독제
2. 위생봉투
3. 메이크업 베이스
4. 리퀴드 파운데이션
5. 크림 파운데이션
6. 컨실러
7. 페이스 파우더
8. 하이라이트 & 섀딩
9. 메이크업용 브러시 셋트
10. 아이섀도 팔레트
11. 립 팔레트
12. 아이브로우 펜슬
13. 립 펜슬
14. 젤 아이라이너
15. 리퀴드 아이라이너
16. 마스카라
17. 펄 파우더
18. 팔레트
19. 면봉
20. 탈지면 용기
21. 미용솜
22. 스파츌라
23. 눈썹 가위
24. 눈썹 칼
25. 족집게
26. 뷰러
27. 스펀지
28. 분첩
29. 립 글로스

1교시   내추럴 메이크업

① 베이스 메이크업·피부 표현

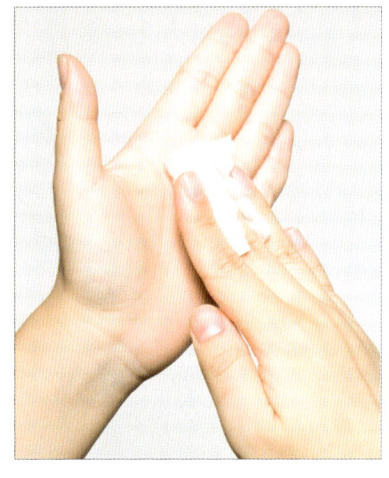

※ 소독 및 위생
과제를 수행하기 전 수험자의 손 및 도구류를 소독합니다.

1 메이크업 베이스
모델의 피부 톤에 적합한 메이크업 베이스를 선택하여 얇고 고르게 펴 바릅니다.

2 파운데이션
모델 피부색과 비슷한 리퀴드 파운데이션을 사용하여 두껍지 않게 골고루 펴 발라 줍니다.

3 잡티커버
피부의 결점 등을 커버하기 위해 컨실러 등을 사용할 수 있습니다.
tip_ 잡티 및 눈 밑, 코 주변, 입 주변 등을 깨끗하게 표현해 주며 파우더를 발라주어 지속력을 높이도록 한다.

4 파우더
투명 파우더를 사용하여 마무리 하세요
tip_ 브러시를 사용하여 얇고 자연스럽게 표현하며 눈 밑, 코 주변 등에는 작은 브러시를 사용하여 발라준다.

② 포인트 메이크업·눈 화장

1 눈썹
모델의 눈썹의 결을 최대한 살려 자연스럽게 그려줍니다.
tip_ 색상은 모발 색상에 맞추며 아이섀도를 이용하여 자연스럽게 표현한다.

2 아이섀도
눈썹 뼈와 눈두덩에 아이보리 색상을 발라주어 깨끗하게 표현하여 줍니다.
tip_ 눈썹 아랫부분을 깔끔하게 정리하여 또렷한 눈썹 형태를 만든다.

3 아이섀도
펄이 없는 베이지색으로 눈두덩과 언더라인에 발라줍니다.
tip_ 눈 형태는 아몬드 형태로 잡아준다.

4 아이섀도
브라운 색으로 도면과 같이 아이라인 주변을 바르고 눈두덩 위로 자연스럽게 그라데이션 합니다.
tip_ 높이는 아이홀 선을 넘지 않도록 하며 아이라인에서 아이홀 방향으로 점점 연하게 그라데이션 한다.

5 아이섀도
눈꼬리 언더라인 1/2~1/3까지 그라데이션 합니다.

6 아이라인
브라운색의 펜슬을 이용하여 점막을 채우듯이 속눈썹 사이를 메꾸어 그리고 눈매를 자연스럽게 교정합니다.

7 아이라인
브라운색의 아이섀도를 이용하여 펜슬을 덮어줍니다.
tip_ 펜슬의 유분기를 잡아주고 지속력을 높임.

8 속눈썹
아이래시컬러를 이용하여 속눈썹을 컬링합니다.
tip_ 속눈썹을 여러 부위로 나누어 집어 주어 속눈썹이 꺾이지 않도록 주의하여 컬링한다.

9 속눈썹
마스카라를 이용하여 자연스럽게 표현합니다.
tip_ 언더 속눈썹은 세워서 발라주어 한 올 한 올 뭉치지 않게 발라준다.

3 포인트 메이크업·볼 화장

1 치크
피치색으로 광대뼈 안쪽에서 바깥쪽으로 블렌딩 합니다.
tip_ 브러시 방향에 주의하며 좌·우 대칭을 맞춘다.

4 포인트 메이크업·입술 화장

1 입술
베이지 핑크색으로 자연스럽게 발라 마무리 합니다.

5 완성

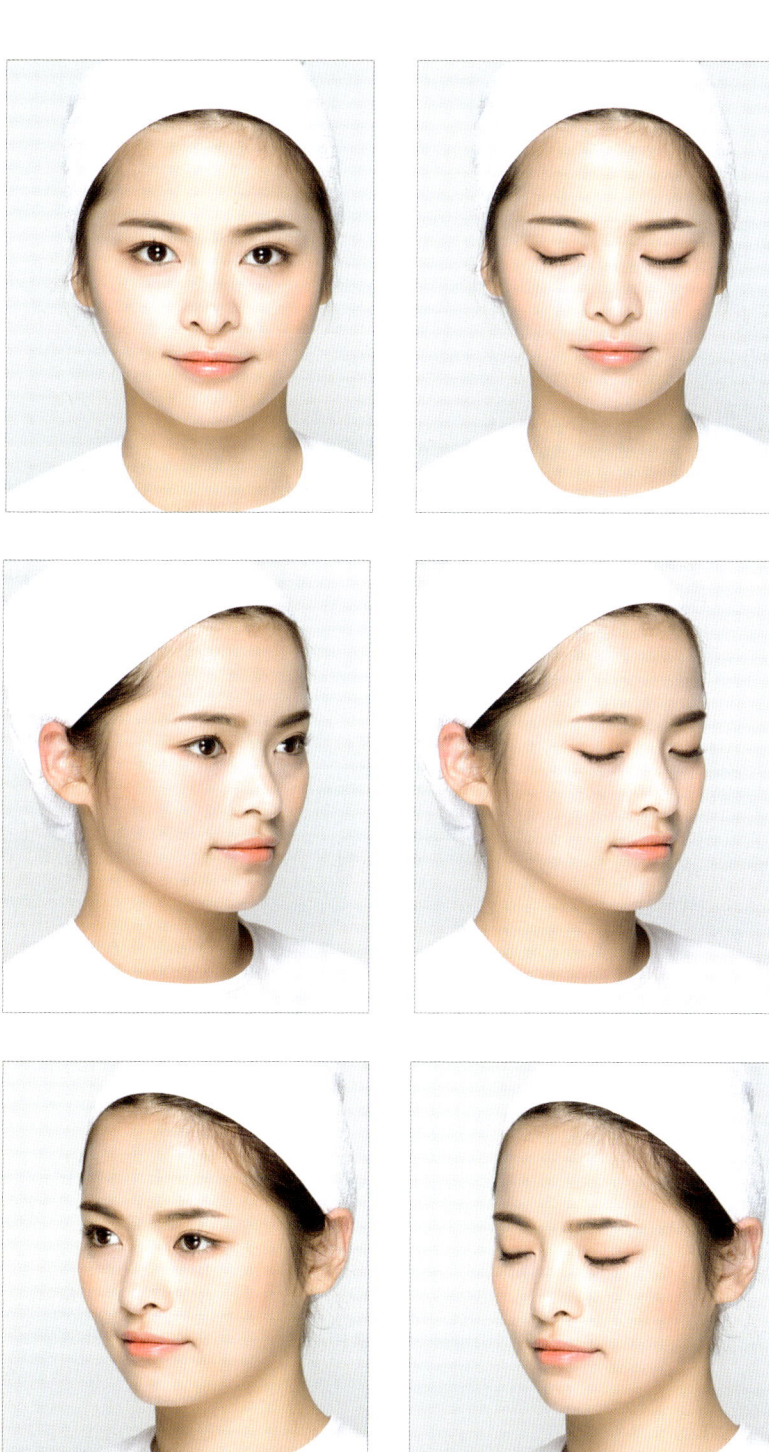

시대 메이크업

Part 2

2교시   시대 메이크업

2과제 시대 메이크업 배점적용

준비 및 위생	숙련도 및 기법					완성도 (조화미)	총계
	피부표현	눈썹표현	눈표현	볼표현	입술표현		
3	6	3	6	3	3	6	30점

1930년대_ 그레타 가르보 (Greta Garbo)

사회 분위기

1930년대는 제1차 세계대전의 후유증과 전 세계적인 경제 대공황이 함께 겹치면서 암울한 분위기를 조성하고 있었다. 미국에서는 '뉴 딜 정책'으로 경제가 조금씩 회복되고 있었지만 제2차 세계대전이 더 큰 규모로 발발하면서 경제 불황과 사회적 현실은 어두울 수밖에 없었다.

당시 경제공황이라는 시대적 상황임에도 어두운 현실에서 벗어나고픈 사회적 분위기를 반영이라도 한 듯 여성들의 메이크업을 비롯한 패션에 대한 관심은 높았다. 이상향으로 도피하고자 하는 심리 현상으로 영화산업은 크게 발전하였고 헐리웃 배우를 모방한 화장 및 머리모양이 유행하였다.

화장 형태

당시 성숙하고 세련되며 여성스러운 분위기를 연출하는 화장법이 유행하였다. 대표적인 여배우는 그레타 가르보(Greta Garbo), 마릴린 디트리히(Marlene Ditrich), 진 할로우(Jean Harlow)가 있다.

피부는 커버력있는 파운데이션으로 밝게 커버하였고 눈썹은 가늘게 다듬은 후 아치형태로 정교하게 그렸다. 눈썹 뼈 부위에는 밝은색으로 하이라이트를 넣었고 아이홀은 어두운 색을 발라 움푹 꺼진 형태로 표현하였다. 아이쉐도는 검정색과 청색을 사용하였다. 그리고 인조 속눈썹과 마스카라를 이용하여 속눈썹을 강조하였다. 입술은 붉은색을 발라 섹시함을 강조하였고 입술 색에 맞춰 붉은색 네일 에나멜도 유행하였다.

과제명: 시대 메이크업 (그레타 가르보)

시험시간 40분 배점 30점

❶ 요구사항

※ 지참재료 및 도구를 사용하여 아래의 요구사항에 따라 시대 메이크업 (그레타 가르보)을 시험시간 내에 완성하시오.

가. 과제를 수행하기 전 수험자의 손 및 도구류를 소독한 후 제시된 도면을 참고하여 시대 메이크업 (그레타 가르보) 스타일을 연출하시오.
나. 모델의 피부 톤에 적합한 메이크업베이스를 선택하여 얇고 고르게 펴 바르시오.
다. 모델의 피부 톤에 맞춰 결점을 커버하여 깨끗하게 피부표현 하시오.
라. 셰딩과 하이라이트로 윤곽 수정 후 파우더로 매트하게 마무리하시오.
마. 눈썹은 도면과 같이 완벽하게 커버하고 아치형으로 그려 그레타 가르보의 개성이 돋보이게 표현하시오.
바. 아이섀도의 표현은 도면과 같이 모델의 눈두덩이에 펄이 없는 갈색 계열의 컬러를 이용하여 아이홀을 그리고 그라데이션 하시오.
사. 아이라인은 속눈썹 사이를 메꾸어 그리고 도면과 같이 눈매를 교정하시오.
아. 뷰러를 이용하여 자연 속눈썹을 컬링 하시오.
자. 인조 속눈썹은 모델 눈에 맞춰 붙이고 깊고 그윽한 눈매를 연출하시오.
차. 치크는 브라운 색으로 광대뼈 아래쪽을 강하게 표현하고 얼굴 전체를 핑크톤으로 가볍게 쓸어 표현하시오.
카. 적당한 유분기를 가진 레드 브라운 립컬러를 이용하여 인커브 형태로 바르시오.

❷ 수험자 유의사항

1) 모델은 문신(눈썹, 아이라인, 입술 등), 속눈썹 연장 및 메이크업이 되어 있지 않은 상태이어야 합니다.
2) 스파출라, 속눈썹 가위, 족집게, 눈썹칼 등의 도구류를 사용 전 소독제로 소독해야 합니다.
3) 메이크업 베이스, 파운데이션을 펴 바를 때 스펀지 퍼프 또는 브러시를 사용하시오.
4) 아이섀도, 치크, 립 등의 표현 시 등 적합한 도구를 사용하시오.
5) 화장품은 요구사항에 지정된 제형 외에는 타입에 상관없이 자유롭게 사용하시오.

| 자격종목 | 미용사(메이크업) | 과제명 | 시대 메이크업 (그레타 가르보) | 척도 | NS |

베이스 메이크업
모델 피부 톤에 맞춰 잡티가 보이지 않도록 완벽하게 커버한다.
·파운데이션으로 하이라이트와 섀딩을 발라준다.
·파우더로 매트하게 발라준다.

눈썹
눈썹은 더마왁스 및 스프리트 검을 이용하여 완벽하게 커버한다.
·아치형으로 그린다.

치크
브라운 색상으로 광대뼈 아래쪽을 강하게 발라준다.
·핑크 색상으로 얼굴 전체적으로 가볍게 쓸어 표현한다.

립
인커브 형태로 표현한다.
·적당한 유분기를 가진 레드 브라운 색상을 발라준다.

아이섀도
펄이 없는 갈색 아이섀도를 이용하여 아이 홀을 강조하고 뭉치지 않게 그라데이션 한다.

속눈썹
인조 속눈썹을 붙여주고 자연 속눈썹과 분리되지 않도록 한다.

아이라인
속눈썹 사이를 메꾸어 그리고 도면과 같이 누매을 교병한다.

재료

1. 소독제
2. 위생봉투
3. 메이크업 베이스
4. 리퀴드 파운데이션
5. 크림 파운데이션
6. 컨실러
7. 페이스 파우더
8. 하이라이트 & 섀딩
9. 메이크업용 브러시 셋트
10. 아이섀도 팔레트
11. 립 팔레트
12. 아이브로우 펜슬
13. 립 펜슬
14. 젤 아이라이너
15. 리퀴드 아이라이너
16. 마스카라
17. 펄 파우더
18. 팔레트
19. 면봉
20. 탈지면 용기
21. 미용솜
22. 스파츌라
23. 눈썹 가위
24. 눈썹 칼
25. 족집게
26. 뷰러
27. 인조 속눈썹
28. 속눈썹 접착제
29. 스펀지
30. 분첩
31. 집게(속눈썹 부착용)
32. 립 글로스
33. 더마왁스
34. 실러

그레타 가르보

1 눈썹 가리기

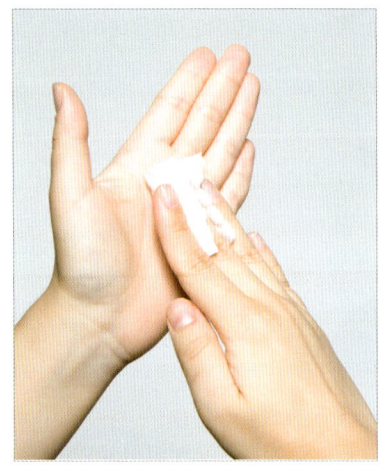

※ 소독 및 위생
과제를 수행하기 전 수험자의 손 및 도구류를 소독합니다.

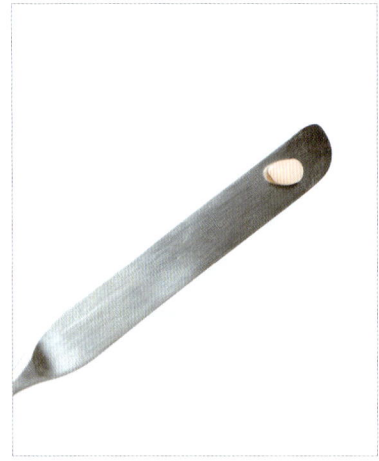

1 눈썹 커버
스파츌라를 이용하여 왁스를 소량 덜어냅니다.

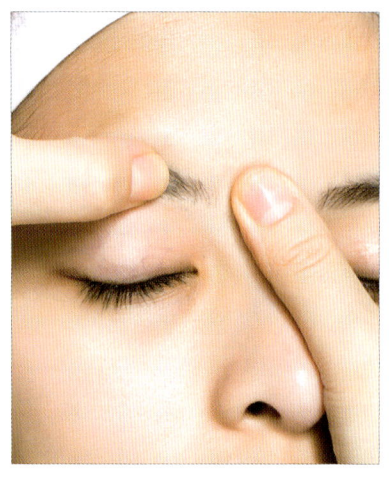

2 눈썹 커버
눈썹 앞머리에서부터 꼬리방향으로 왁스를 발라 눈썹을 커버하여줍니다.
tip_ 손에 물이나 스킨을 묻히면 왁스가 손에 달라붙지 않음

3 눈썹 커버
왁스를 도포한 가장자리에 경계선이 생기지 않도록 주의합니다.

4 눈썹 커버
실러를 발라 줍니다.

② 베이스 메이크업·피부 표현

1 메이크업 베이스
모델의 피부 톤에 적합한 메이크업 베이스를 선택하여 얇고 고르게 펴 바릅니다.

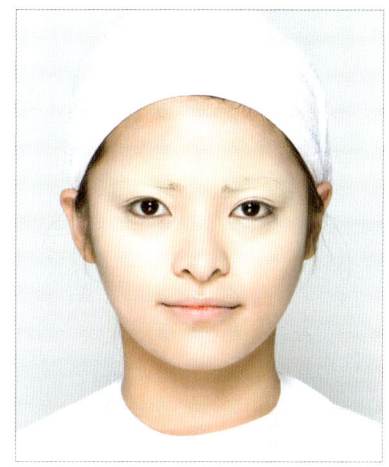

2 파운데이션
모델의 피부 톤에 맞춰 결점을 커버하여 깨끗하게 피부표현 합니다.
tip_ 크림 파운데이션 또는 스틱 파운데이션을 사용하며 스펀지를 이용하여 피부를 잘 커버한다.

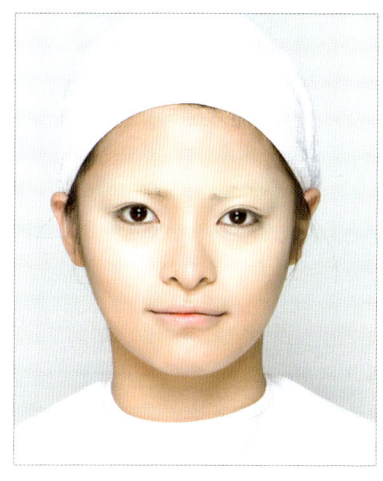

3 하이라이터
아이보리 색상의 파운데이션을 이용하여 이마, 코, 눈썹 뼈, 눈 밑, 턱 등 부위에 발라줍니다.
tip_ 패팅 기법을 이용하여 발라준다.

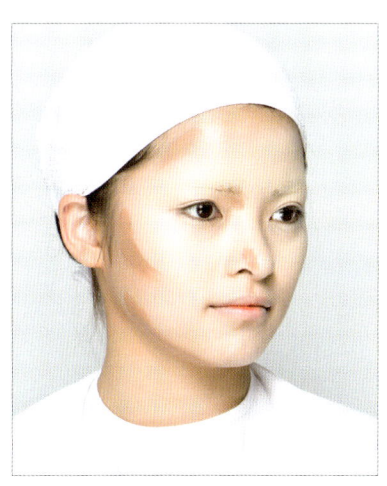

4 섀딩
모델의 피부 톤보다 약간 어두운 톤의 파운데이션을 이용하여 헤어라인 및 페이스 라인, 코 벽을 발라줍니다.
tip_ 경계선이지지 않도록 주의하며 모델 얼굴형에 맞춰 수정한다.

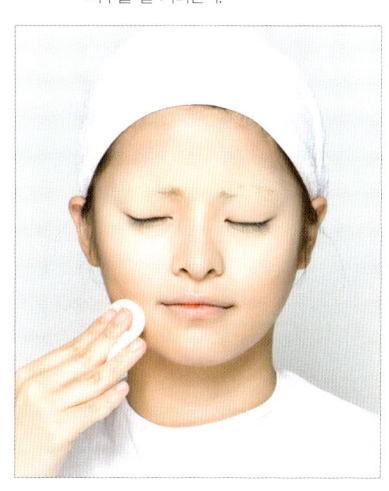

5 파우더
파우더로 매트하게 표현합니다.
tip_ 퍼프를 이용하여 유분기가 남아있지 않도록 발라주고 여분의 파우더는 팬브러시로 정리한다.

③ 포인트 메이크업·눈 화장

1 눈썹
아치형으로 그려 그레타 가르보의 개성이 돋보이게 표현합니다.
tip_ 아이브로우 펜슬사용 시 왁스가 파일 수 있으니 주의한다. 아이섀도나 아이라이너를 이용할 수 있다.

2 아이섀도
눈썹 뼈와 눈두덩에 펄이 없는 화이트 아이섀도를 발라 깨끗하게 표현합니다.
tip_ 아이홀 부위에는 바르지 않는다.

3 아이섀도
펄이 없는 브라운 계열의 아이섀도를 이용하여 아이홀을 그리고 그라데이션을 합니다.
tip_ 처음부터 너무 짙은 브라운 색상을 사용하면 그라데이션이 어려울 수 있다.

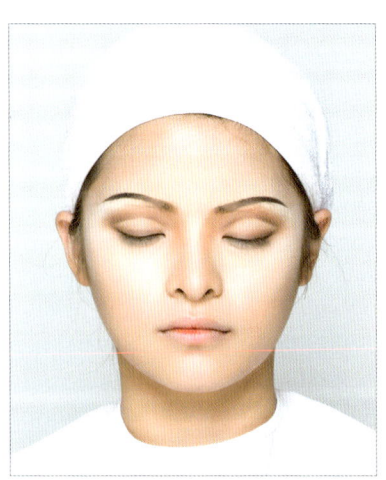

4 아이섀도
노즈라인에 음영을 주어 아이홀 그라데이션 했던 것과 연결하여 줍니다.

5 아이섀도
좀 더 짙은 갈색 아이 섀도를 이용하여 아이홀을 강조합니다.

6 아이섀도
눈꼬리 언더라인 1/2~1/3까지
그라데이션 합니다.
tip_ 너무 넓은 범위로 바르지 않도록
주의한다.

7 아이섀도
펄이 없는 화이트 아이섀도를
이용하여 눈두덩에 발라주어
아이홀을 강조합니다

8 아이라인
아이라이너를 이용하여 속눈썹
사이를 메꾸고 도면과 같이 눈매를
교정합니다.

9 속눈썹
아이래시컬러를 이용하여
속눈썹을 컬링합니다.

10 속눈썹
인조 속눈썹을 모델 눈에 맞춰 붙이고 깊고 그윽한 눈매를 연출합니다.
tip_ 인조 속눈썹의 끝이 너무 올라가지 않도록 붙여주어 그윽한 눈매를 연출한다.

11 속눈썹
마스카라를 발라줍니다.
tip_ 모델 속눈썹과 인조 속눈썹이 분리되지 않도록 주의한다.

❹ 윤곽수정

1 하이라이터
아이보리 색상을 이용하여 T-zone, 눈 밑, 턱 부위에 하이라이터를 표현한다.

2 섀딩 및 치크
브라운 색상을 이용하여 광대뼈 아래 치크를 표현하고 헤어라인, 페이스 라인, 코 벽에 섀딩을 표현합니다.

5 포인트 메이크업·눈 화장

1 입술
오렌지 레드브라운 색상의 립라이너를 이용하여 인커브 형태로 그려준 뒤 붓으로 입술 안쪽방향으로 그라데이션 하여줍니다.

2 입술
적당한 유분기를 가진 레드브라운 립 색상을 이용하여 발라줍니다.

3 핑크톤 아이섀도를 이용하여 전체적으로 가볍게 쓸어줍니다.

6 완성

1950년대   마릴린먼로 (Marilyn Monroe)

사회 분위기

제2차 세계대전의 영향으로 미국을 중심으로 문화가 발달하였으며 컬러영화, TV, 카메라의 등장으로 컬러의 중요성이 커졌다. 전쟁으로 인해 화학 기술의 발전은 높아졌고 화장품 또한 다양하게 개발되었다. 경제가 발전하면서 젊은이들의 사회적 진출과 함께 소비력이 높았으며 그들이 문화를 이끌어 나아갔고 화장품 산업도 호황을 맞았다.

그러나 50년대에는 가부장적인 의식이 있었고 순종적이고 모성애적 여성상을 이상적으로 여겼으며 여성을 성적 대상으로 비하시키기도 하여 관능적인 여성상이 나타났으며 여성은 좋은 남편감을 만나기 위해 패션과 메이크업에 많은 관심을 가졌다.

화장 형태

영화배우의 메이크업이 유행하였으며 대표 여배우는 마릴린 먼로(Marilyn Monroe)와 오드리 햅번(Audrey Hepburn)이 있다.

오드리 햅번은 밝고 귀여우며 우아한 이미지로 사랑받았다. 피부는 밝고 하얗게 표현하고 눈썹은 두껍고 진하게 그렸다. 아이섀도 보다는 아이라인을 강조하였는데 두껍고 길게 그렸으며 꼬리를 약간 올려 그렸다. 볼은 핑크빛이 돌았으며 입술은 라인이 뚜렷하게 붉은색으로 그렸다.

마릴린 먼로는 그 당시 대표적인 섹스심벌 여배우로 볼륨감 있는 몸매와 밝은 금발, 특이한 걸음걸이로 성적 매력을 강하게 어필하였다. 피부는 하얗게 표현하고 눈썹은 각이 지고 두껍게 그렸다. 인조 속눈썹을 붙이고 마스카라로 더욱 풍성하게 하였으며 아이라이너는 굵고 꼬리 끝이 올라가게 그렸다. 입술은 아웃커브 형태로 붉은색을 이용하여 발랐으며 바세린을 발라 윤기 있는 입술을 표현하였다. 입가의 애교 점은 마릴린 먼로의 관능적 이미지를 더욱 부각시켰다.

과제명

시대 메이크업 (마릴린 먼로)

시험시간　　　　　　　　　　　　　　　　40분 배점 30점

❶ 요구사항

※ 지참재료 및 도구를 사용하여 아래의 요구사항에 따라 시대 메이크업 (마릴린 먼로)을 시험시간 내에 완성하시오.

가. 과제를 수행하기 전 수험자의 손 및 도구류를 소독한 후 제시된 도면을 참고하여 시대 메이크업 (마릴린 먼로) 스타일을 연출하시오.
나. 모델의 피부 톤에 적합한 메이크업베이스를 선택하여 얇고 고르게 펴 바르시오.
다. 모델의 피부 톤보다 밝은 핑크 톤의 파운데이션으로 표현하시오.
라. 섀딩과 하이라이트로 윤곽 수정 후 파우더로 매트하게 마무리하시오.
마. 눈썹은 브라운 색의 양미간이 좁지 않은 각진 눈썹으로 표현하시오.
바. 아이섀도는 모델의 눈두덩이를 중심으로 핑크와 베이지 계열의 컬러를 이용하여 아이홀을 표현하고 그라데이션 하시오.
사. 아이홀 안쪽 눈꺼풀에 화이트 색상으로 입체감을 주고 언더에는 베이지 계열의 섀도를 바르시오.
아. 아이라인은 속눈썹 사이를 메꾸어 그리고 도면과 같이 아이라인을 길게 뺀 형태의 눈매를 표현하시오.
자. 뷰러를 이용하여 자연 속눈썹을 컬링 하시오.
차. 인조 속눈썹은 모델의 눈보다 길게 뒤로 빼서 붙여주고 깊고 그윽한 눈매를 표현하시오.
카. 치크는 핑크 톤으로 광대뼈보다 아래쪽에서 구각을 향해 사선으로 바르시오.
타. 적당한 유분기를 가진 레드 립 컬러를 아웃커브 형태로 바르시오.
파. 도면과 같이 마릴린 먼로의 개성이 돋보이는 점을 그리시오.

❷ 수험자 유의사항

1) 모델은 문신(눈썹, 아이라인, 입술 등), 속눈썹 연장 및 메이크업이 되어 있지 않은 상태이어야 합니다.
2) 스파출라, 속눈썹 가위, 족집게, 눈썹칼 등의 도구류를 사용 전 소독제로 소독해야 합니다.
3) 메이크업 베이스, 파운데이션을 펴 바를 때 스펀지 퍼프 또는 브러시를 사용하시오.
4) 아이섀도, 치크, 립 등의 표현 시 등 적합한 도구를 사용하시오.
5) 화장품은 요구사항에 지정된 제형 외에는 타입에 상관없이 자유롭게 사용하시오.

재료

1. 소독제
2. 위생봉투
3. 메이크업 베이스
4. 리퀴드 파운데이션
5. 크림 파운데이션
6. 컨실러
7. 페이스 파우더
8. 하이라이트 & 섀딩
9. 메이크업용 브러시 셋트
10. 아이섀도 팔레트
11. 립 팔레트
12. 아이브로우 펜슬
13. 립 펜슬
14. 젤 아이라이너
15. 리퀴드 아이라이너
16. 마스카라
17. 펄 파우더
18. 팔레트
19. 면봉
20. 탈지면 용기
21. 미용솜
22. 스파츌라
23. 눈썹 가위
24. 눈썹 칼
25. 족집게
26. 뷰러
27. 인조 속눈썹
28. 속눈썹 접착제
29. 스펀지
30. 분첩
31. 집게(속눈썹 부착용)
32. 립 글로스
33. 더마왁스

마릴린먼로

① 베이스 메이크업·피부 표현

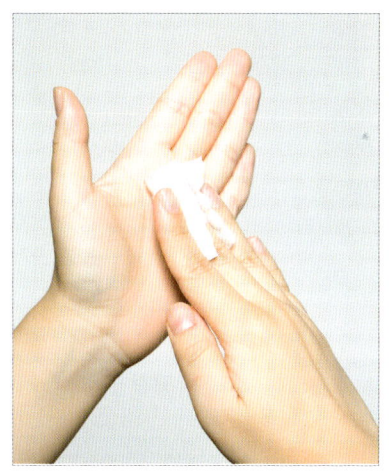

❋ 소독 및 위생
과제를 수행하기 전 수험자의 손 및 도구류를 소독합니다.

1 메이크업 베이스
모델의 피부 톤에 적합한 메이크업 베이스를 선택하여 얇고 고르게 펴 바릅니다.

2 파운데이션
모델의 피부 톤보다 밝은 핑크톤의 파운데이션으로 표현합니다.

3 하이라이터
아이보리 색상의 파운데이션을 이용하여 이마, 코, 눈썹 뼈, 눈 밑, 턱 등 부위에 발라줍니다.
tip_ 패팅 기법을 이용하여 발라준다.

4 섀딩
모델의 피부 톤보다 약간 어두운 톤의 파운데이션을 이용하여 헤어라인 및 페이스 라인, 코 벽을 발라줍니다.
tip_ 경계선이지지 않도록 주의하며 모델 얼굴형에 맞춰 수정한다.

5 파우더
파우더로 매트하게 마무리 합니다.
tip_ 퍼프를 이용하여 유분기가 느껴지지 않도록 발라준다.

② 포인트 메이크업·눈 화장

1 눈썹
브라운색의 양 미간이 좁지 않은 각진 눈썹으로 표현합니다.

2 아이섀도
눈썹 뼈와 눈두덩에 펄이 없는 화이트 아이섀도를 발라 깨끗하게 표현합니다.

3 아이섀도
눈두덩을 중심으로 핑크와 베이지 계열의 색을 이용하여 아이홀을 표현하고 그라데이션 합니다.
tip_ 아이홀은 아몬드 형태로 표현한다.

4 아이섀도
브라운 아이섀도를 이용하여 아이홀을 깊이감 있게 표현하여 줍니다.

5 아이섀도
아이홀 안쪽 눈꺼풀에 화이트 색상으로 입체감을 줍니다.

6 아이섀도
베이지 계열의 섀도를 이용하여 눈꼬리 언더라인 1/2~1/3까지 그라데이션 합니다.

7 아이라인
아이라인은 속눈썹 사이를 메꾸어 그리고 도면과 같이 아이라인을 길게 뺀 형태의 눈매를 표현합니다.

8 속눈썹
아이래시컬러를 이용하여 속눈썹을 컬링합니다.

9 속눈썹
인조 속눈썹은 모델의 눈보다 길게 뒤로 빼서 붙여주고 깊고 그윽한 눈매로 표현합니다.

10 속눈썹
인조 속눈썹과 자연속눈썹이 분리되지 않도록 마스카라를 발라주고 아이라인을 한 번 더 그려줍니다.

③ 윤곽수정

1 하이라이터
밝은 색상을 이용하여 T-zone, 눈 밑, 턱 부위에 하이라이터를 표현합니다.

2 섀딩
피부 톤보다 어두운 색상을 이용하여 헤어라인, 페이스 라인, 코 벽에 섀딩을 표현합니다.
tip_ 광대뼈 아래부위에 강하지 않게 섀딩을 표현한다.

④ 포인트 메이크업·볼 화장

1 치크
오렌지 계열로 광대뼈 위쪽에서 안에서 바깥쪽으로 블렌딩해서 발라줍니다.
tip_ 브러시 방향에 주의하며 경계선이지지 않도록 주의한다.

5 포인트 메이크업·입술화장

1 입술
적당한 유분기를 가진 레드 립 컬러를 이용하여 아웃커브 형태로 발라줍니다.
tip_ 윗입술을 볼륨감 있게 표현하며 입술산 사이가 너무 좁지 않도록 주의한다.

6 포인트

1 포인트 점
마릴린 먼로의 개성이 돋보이는 점을 그려줍니다.
tip_ 선명하고 깔끔한 표현을 위해 리퀴드 타입이나 젤 타입을 사용한다.

6 완성

1960년대

트위기(Twiggy)

🔵 사회 분위기

베이비 붐(Baby Boom)세대들이 고등 교육을 받고 취업의 기회가 높아지면서 경제적으로 독립이 가능하게 되었고 이들은 사회에 영향력 있는 세력으로 등장하였다. 베이비 붐 세대들이 원하는 신제품이 개발되고 영패션(Young Fashion)이 형성되었다. 젊은이들의 문화는 절정에 이르고 자유와 평등, 흑인 인권운동, 전쟁 반대 등 사회 분위기가 대학생들을 중심으로 시작되었다.

기존 사회에 반하는 히피가 등장하였고 히피문화는 '사랑'을 중심으로 동양의 신비주의, 자연으로의 회귀를 갈망하였다. 일부는 자연으로 돌아가 자녀와 재산을 공유하는 공동체 생활을 하였으며 특정한 직업이 없이 자급자족 하였다.

화장 형태

상업화된 패션산업의 영향으로 다양성과 개성이 중시되었고 젊은 세대의 패션 유행이 상류층이나 기성세대에게 전해졌었다. 대표적인 아이콘은 15세의 매우 마르고 왜소하였으며 커다란 눈에 중성적인 이미지의 모델 트위기(Twiggy)이다. 짧은 머리에 아이홀이 강조된 커다란 눈, 장미 및 볼과 작은 입술이 그 동안의 미인상과는 달랐다. 패션사업의 발달은 영화배우 못지 않게 역할의 가치가 커졌으며 미를 선도하기 시작했다. 메이크업은 눈썹과 입술은 연하게 표현하여 눈을 더욱 강조하였다. 얼굴에 꽃이나 새, 나비, 동물, 기하학적 무늬 등을 그린 환타지 메이크업이 등장하였고 패션과 어우러져 사용되었다.

과제명

시대 메이크업(트위기)

시험시간 40분 배점 30점

❶ 요구사항

※ 지참재료 및 도구를 사용하여 아래의 요구사항에 따라 시대 메이크업(트위기)을 시험시간 내에 완성하시오.

가. 과제를 수행하기 전 수험자의 손 및 도구류를 소독한 후 제시된 도면을 참고하여 시대 메이크업 (트위기) 스타일을 연출하시오.
나. 모델의 피부 톤에 적합한 메이크업베이스를 선택하여 얇고 고르게 펴 바르시오.
다. 베이스 메이크업은 모델 피부색과 비슷한 리퀴드 또는 크림 파운데이션을 사용하시오.
라. 파운데이션은 두껍지 않게 골고루 펴 바르며 파우더를 사용하여 마무리 하시오.
마. 눈썹의 표현은 도면과 같이 자연스러운 브라운 컬러로 눈썹 산을 강조하여 그리시오.
바. 아이섀도는 화이트 베이스 컬러와 핑크, 네이비, 그레이, 어두운 청색 등을 사용하여 인위적인 쌍꺼풀 라인을 표현하시오.
사. 쌍꺼풀 라인과 아이라인 선이 선명하도록 강조하여 그라데이션 하고 화이트로 쌍꺼풀 안쪽 및 눈썹 아래 부위를 하이라이트 하시오.
아. 아이라인은 선명하게 그리고 도면과 같이 눈매를 교정하시오.
자. 뷰러를 이용하여 자연 속눈썹을 컬링한 후 마스카라를 바르고 인조 속눈썹을 붙여 눈매를 강조하시오.
차. 도면과 같이 과장된 속눈썹 표현을 위해 언더 속눈썹에 마스카라를 한 후 아이라이너를 사용하여 그리거나 인조 속눈썹을 잘라 붙여 표현하시오.
카. 치크는 핑크 및 라이트브라운색으로 애플 존 위치에 둥근 느낌으로 바르시오.
타. 베이지 핑크색의 립 컬러를 자연스럽게 발라 마무리하시오.

❷ 수험자 유의사항

1) 모델은 문신(눈썹, 아이라인, 입술 등), 속눈썹 연장 및 메이크업이 되어 있지 않은 상태이어야 합니다.
2) 스파출라, 속눈썹 가위, 족집게, 눈썹칼 등의 도구류를 사용 전 소독제로 소독해야 합니다.
3) 메이크업 베이스, 파운데이션을 펴 바를 때 스펀지 퍼프 또는 브러시를 사용하시오.
4) 아이섀도, 치크, 립 등의 표현 시 등 적합한 도구를 사용하시오.
5) 화장품은 요구사항에 지정된 제형 외에는 타입에 상관없이 자유롭게 사용하시오.

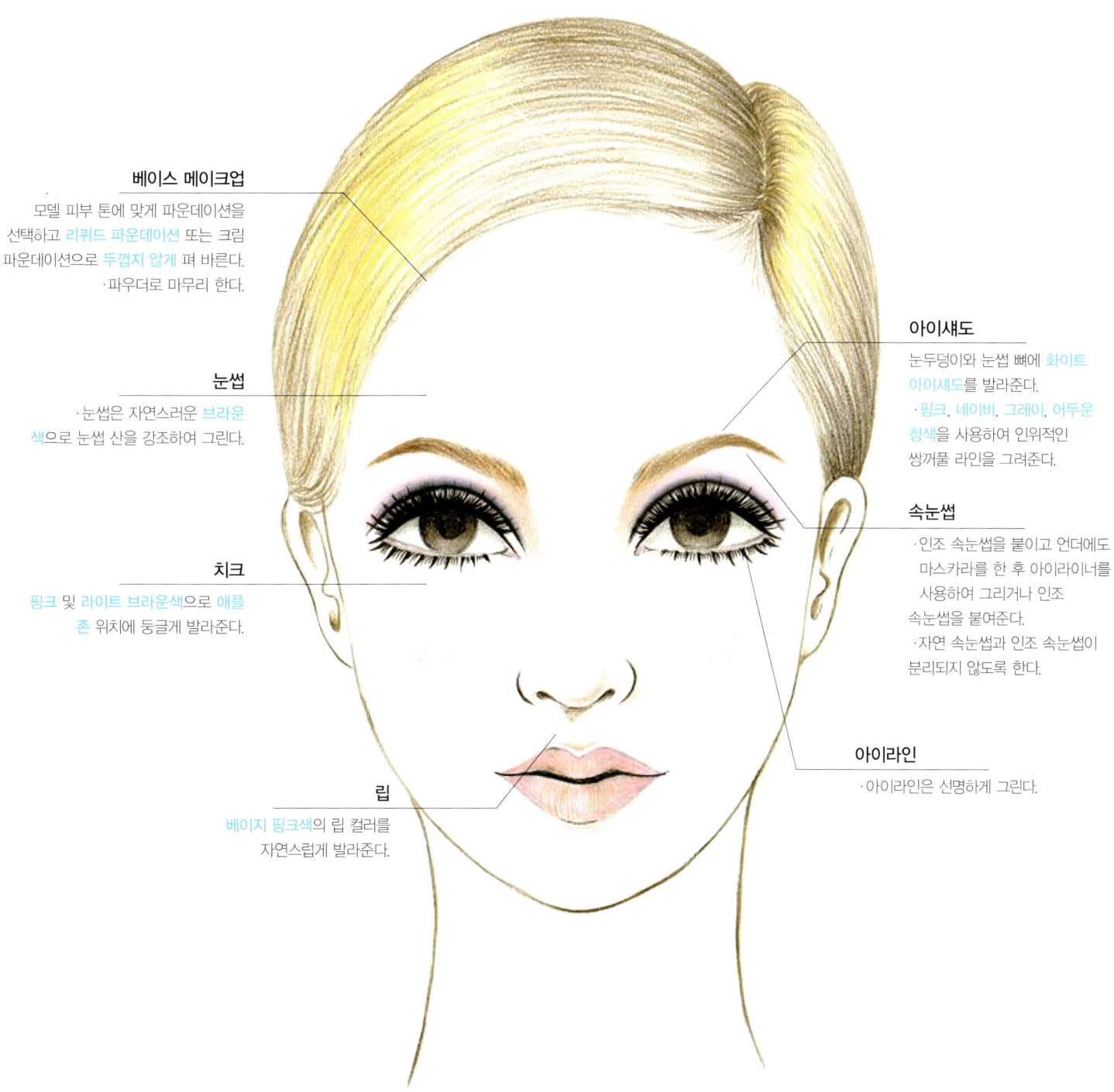

재료

1. 소독제
2. 위생봉투
3. 메이크업 베이스
4. 리퀴드 파운데이션
5. 크림 파운데이션
6. 컨실러
7. 페이스 파우더
8. 하이라이트 & 섀딩
9. 메이크업용 브러시 셋트
10. 아이섀도 팔레트
11. 립 팔레트
12. 아이브로우 펜슬
13. 립 펜슬
14. 젤 아이라이너
15. 리퀴드 아이라이너
16. 마스카라
17. 펄 파우더
18. 팔레트
19. 면봉
20. 탈지면 용기
21. 미용솜
22. 스파츌라
23. 눈썹 가위
24. 눈썹 칼
25. 족집게
26. 뷰러
27. 인조 속눈썹
28. 속눈썹 접착제
29. 스펀지
30. 분첩
31. 집게(속눈썹 부착용)
32. 립 글로스
33. 더마왁스

트위기

1 ▶ 베이스 메이크업·피부 표현

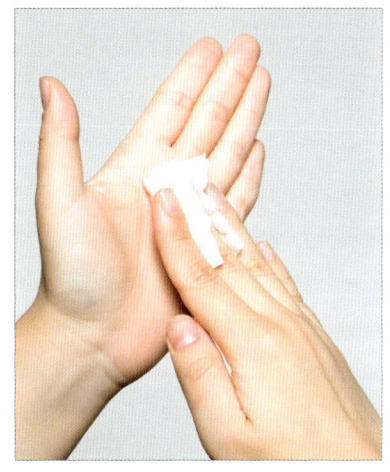

❊ 소독 및 위생
과제를 수행하기 전 수험자의 손 및 도구류를 소독합니다.

1 메이크업 베이스
모델의 피부 톤에 적합한 메이크업 베이스를 선택하여 얇고 고르게 펴 바릅니다.

2 파운데이션
모델의 피부색과 비슷한 리퀴드 파운데이션 또는 크림 파운데이션을 사용하며 두껍지 않게 표현합니다.

3 파우더
파우더를 발라줍니다.

❷ 포인트 메이크업·눈 화장

1 눈썹
자연 스러운 브라운색으로 눈썹 산을 강조하여 그려줍니다.
tip_ 눈썹산이 각지지 않도록 주의한다.

2 아이섀도
눈썹 뼈와 눈두덩에 화이트 아이섀도를 발라 깨끗하게 표현합니다.

3 아이섀도
눈두덩을 중심으로 핑크색을 이용하여 아이홀을 표현하고 그라데이션 합니다.
tip_ 아이홀은 아몬드 형태로 표현한다.

4 아이섀도
그레이와 네이비, 다크 네이비 아이섀도를 이용하여 아이홀을 깊이감을 주어 인위적인 쌍꺼풀 라인으로 표현합니다.

5 아이섀도
쌍꺼풀 라인과 아이라인의 선이 선명하도록 강조하여 그라데이션 하고 화이트로 쌍꺼풀 안쪽 밑 눈썹 아래 부위를 화이트 섀도로 발라줍니다.
tip_ 화이트 파운데이션으로 지저분한 선을 정리 후 화이트 아이섀도를 이용하여 덧발라주면 깔끔하고 선명한 표현이 가능하다.

6 아이섀도
베이지 계열의 섀도를 이용하여 눈꼬리 언더라인 1/2~1/3까지 그라데이션 합니다.

7 아이라인
아이라인은 선명하게 그리고 도면과 같이 눈매를 교정합니다.

8 속눈썹
아이래시컬러를 이용하여 속눈썹을 컬링합니다.

9 속눈썹
마스카라를 바르고 인조 속눈썹을 붙여 눈매를 강조합니다.

10 속눈썹
모델 속눈썹과 인조 속눈썹이 분리 되지 않도록 한 번 더 마스카라를 발라줍니다.

11 속눈썹
tip_ 눈을 더 크게 보이도록 언더 점막에 화이트 펜슬로 그려줍니다.

12 속눈썹
과장된 속눈썹 표현을 위해 언더 속눈썹에 마스카라를 한 후 아이라이너를 사용하여 그리거나 인조 속눈썹을 붙여 표현합니다.

❸ 포인트 메이크업·볼 화장·입술화장

1 치크
치크는 핑크 및 라이트 브라운색으로 애플존 위치에 둥근 느낌으로 발라줍니다.
tip_ 브러시 방향에 주의하며 경계선이지지 않도록 주의한다.

1 입술
베이지 핑크색의 립컬러를 자연스럽게 발라 마무리 합니다.
tip_ 인커브 형태로 발라준다.

④ 완성

1970~1980년대 펑크(Punk)

● 사회 분위기

인플레이션과 석유파동으로 경제 불황이 일어났고 실업자가 늘어났으며 사회적으로 불안하였다. 소비보다는 절약이 미덕으로 인식되었으며 의식주를 간소화시켰다. 여성들도 고등 교육을 받고 사회에 참여하면서 편리성을 강조한 패션이 유행하였다.

펑크(Punk)란 불량소년, 시시한 사람, 보잘 것 없고 가치 없는 사람, 애송이 등의 부정적인 의미를 지닌 속어이다. 경제적 불황 속에 직업을 갖지 못한 젊은이들은 암울한 미래를 비관하며 사회에 반항하였고 허무주의적, 무정부주의적 사상을 혐오스러운 복장과 머리형태 및 메이크업으로 표출하였다.

화장 형태

복고풍의 우아한 여성미가 유행하였으며 이국적이면서 얼굴 전체에 풍부한 색조를 부여하는 메이크업이 유행하였다. 대표적인 여배우로는 미국의 파라포셋(Farrah Fawcett)이 있다. 피부는 건강한 느낌이 나도록 파운데이션을 발랐으며 눈썹도 자연스럽게 표현하였고 눈 화장은 아이홀은 강조하였으나 자연스러워졌다. 주로 베이지, 브라운이나 오렌지, 그레이, 카키 색상의 섀도를 사용하였으며 립글로스가 사용되었다.

펑크족들은 눈 주위에 어두운 색상을 사용하여 발랐으며 눈 꼬리는 날카롭게 그렸다. 블러셔도 사선으로 강하게 넣었으며 입술은 검정색을 사용하기도 하여 어둡게 칠하였다. 아름다움 보다는 기존 사회에 대한 강한 부정과 저항의 의미로 메이크업을 하였다고 할 수 있겠다.

과제명

시대 메이크업(펑크)

시험시간 40분 배점 30점

❶ 요구사항

※ 지참재료 및 도구를 사용하여 아래의 요구사항에 따라 시대 메이크업(펑크)을 시험시간 내에 완성하시오.

가. 과제를 수행하기 전 수험자의 손 및 도구류를 소독한 후 제시된 도면을 참고하여 시대 메이크업(펑크) 스타일을 연출하시오.
나. 모델의 피부 톤에 적합한 메이크업베이스를 선택하여 얇고 고르게 펴 바르시오.
다. 베이스 메이크업은 크림 파운데이션을 사용하여 창백하게 피부 표현 하시오.
라. 피부의 결점 등을 커버하기 위하여 컨실러 등을 사용할 수 있으며 파우더를 이용하여 매트하게 표현하시오.
마. 눈썹은 도면과 같이 눈썹의 결을 강조하여 짙고 강하게 그리시오.
바. 아이섀도의 표현은 화이트, 베이지, 그레이, 블랙 등의 컬러를 이용하여 아이홀을 강하게 표현하시오.
사. 아이홀은 눈 꼬리에서 앞머리 쪽으로 그리고 아이홀의 눈꼬리 1/3 부분을 검정색 아이섀도나 아이라이너를 이용하여 채우고 도면과 같이 그라데이션 하시오.
아. 아이라인은 검정색을 이용하여 아이홀 라인을 바깥쪽으로 과장되게 그려 도면과 같이 표현하시오.
자. 언더라인은 위쪽 라인까지 연결하여 강하게 표현하시오.
차. 속눈썹은 뷰러를 이용하여 자연 속눈썹을 컬링한 후 마스카라를 바르고 모델의 눈에 맞게 인조 속눈썹을 붙이시오.
카. 치크는 레드 브라운색으로 얼굴 앞쪽을 향하여 사선으로 선을 그리듯 강하게 바르시오.
타. 립은 검붉은 색을 이용하여 펴 바르고 입술라인을 선명하게 표현하시오.

❷ 수험자 유의사항

1) 모델은 문신(눈썹, 아이라인, 입술 등), 속눈썹 연장 및 메이크업이 되어 있지 않은 상태이어야 합니다.
2) 스파출라, 속눈썹 가위, 족집게, 눈썹칼 등의 도구류를 사용 전 소독제로 소독해야 합니다.
3) 메이크업 베이스, 파운데이션을 펴 바를 때 스펀지 퍼프 또는 브러시를 사용하시오.
4) 아이섀도, 치크, 립 등의 표현 시 등 적합한 도구를 사용하시오.
5) 화장품은 요구사항에 지정된 제형 외에는 타입에 상관없이 자유롭게 사용하시오.

| 자격종목 | 미용사(메이크업) | 과제명 | 시대 메이크업 (펑크) | 척도 | NS |

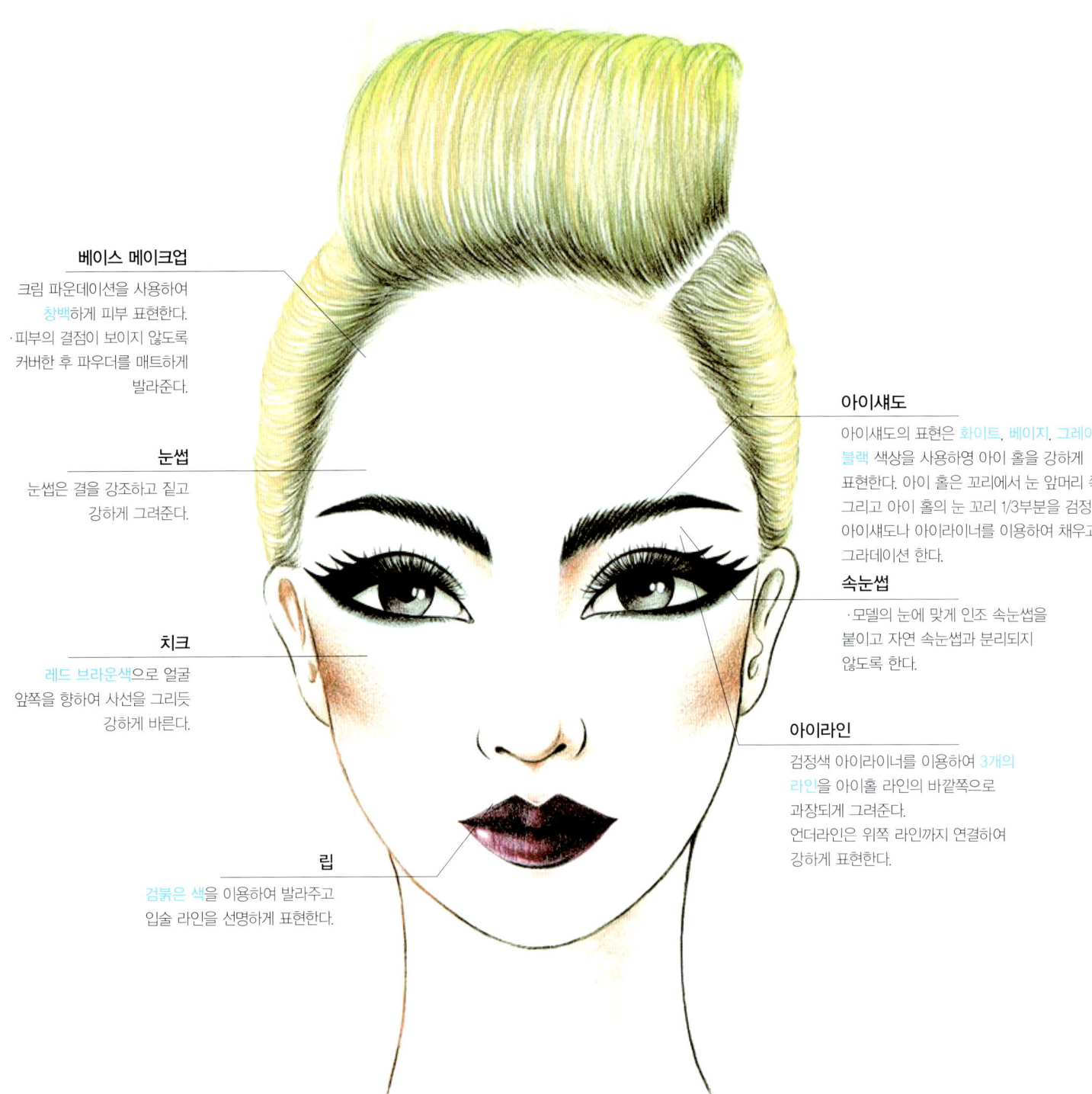

베이스 메이크업
크림 파운데이션을 사용하여 창백하게 피부 표현한다.
· 피부의 결점이 보이지 않도록 커버한 후 파우더를 매트하게 발라준다.

눈썹
눈썹은 결을 강조하고 짙고 강하게 그려준다.

치크
레드 브라운색으로 얼굴 앞쪽을 향하여 사선을 그리듯 강하게 바른다.

립
검붉은 색을 이용하여 발라주고 입술 라인을 선명하게 표현한다.

아이섀도
아이섀도의 표현은 화이트, 베이지, 그레이, 블랙 색상을 사용하영 아이 홀을 강하게 표현한다. 아이 홀은 꼬리에서 눈 앞머리 쪽으 그리고 아이 홀의 눈 꼬리 1/3부분을 검정색 아이섀도나 아이라이너를 이용하여 채우고 그라데이션 한다.

속눈썹
· 모델의 눈에 맞게 인조 속눈썹을 붙이고 자연 속눈썹과 분리되지 않도록 한다.

아이라인
검정색 아이라이너를 이용하여 3개의 라인을 아이홀 라인의 바깥쪽으로 과장되게 그려준다.
언더라인은 위쪽 라인까지 연결하여 강하게 표현한다.

재료

1. 소독제
2. 위생봉투
3. 메이크업 베이스
4. 리퀴드 파운데이션
5. 크림 파운데이션
6. 컨실러
7. 페이스 파우더
8. 하이라이트 & 섀딩
9. 메이크업용 브러시 셋트
10. 아이섀도 팔레트
11. 립 팔레트
12. 아이브로우 펜슬
13. 립 펜슬
14. 젤 아이라이너
15. 리퀴드 아이라이너
16. 마스카라
17. 펄 파우더
18. 팔레트
19. 면봉
20. 탈지면 용기
21. 미용솜
22. 스파츌라
23. 눈썹 가위
24. 눈썹 칼
25. 족집게
26. 뷰러
27. 인조 속눈썹
28. 속눈썹 접착제
29. 스펀지
30. 분첩
31. 집게(속눈썹 부착용)
32. 립 글로스
33. 더마왁스

펑크

1 베이스 메이크업·피부 표현

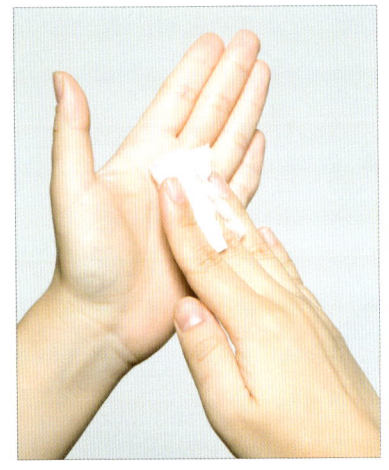

※ **소독 및 위생**
과제를 수행하기 전 수험자의 손 및 도구류를 소독합니다.

1 **메이크업 베이스**
모델의 피부 톤에 적합한 메이크업 베이스를 선택하여 얇고 고르게 펴 바릅니다.

2 **파운데이션**
크림파운데이션을 이용하여 창백하게 피부표현하시오

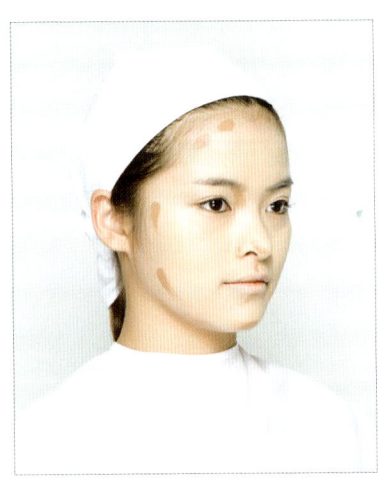

3 **섀딩**
모델의 피부 톤보다 약간 어두운 톤의 파운데이션을 이용하여 헤어라인 및 페이스 라인, 코 벽을 발라줍니다.
tip_ 경계선이 지지 않도록 주의한다.

4 **하이라이터**
아이보리 색상의 파운데이션을 이용하여 이마, 코, 눈썹 뼈, 눈 밑, 턱 등 부위에 발라줍니다.
tip_ 패팅 기법을 이용하여 발라준다.

5 **파우더**
파우더로 매트하게 마무리 합니다.
tip_ 퍼프를 이용하여 유분기가 느껴지지 않도록 발라준다.

② 포인트 메이크업·눈 화장

1 눈썹
눈썹의 결을 강조하여 짙고 강하게 그려줍니다.
tip_ 블랙 섀도를 이용하여 눈썹 앞머리의 결을 그려주며 눈썹의 꼬리가 앞머리보다 올라간 형태로 표현한다.

2 아이섀도
눈썹 뼈와 눈두덩에 펄이 없는 화이트 아이섀도를 발라 깨끗하게 표현합니다.

3 아이섀도
눈두덩을 중심으로 핑크와 베이지 계열의 색을 이용하여 아이홀을 표현하고 그라데이션 합니다.
tip_ 아이홀은 아몬드 형태로 표현한다.

4 아이섀도
그레이 아이섀도를 이용하여 아이홀을 깊이감 있게 표현하여 줍니다.

131

5 아이섀도
블랙 아이섀도를 이용하여 아이홀을 강하게 표현한다.

6 아이섀도
블랙 젤 아이라이너를 이용하여 아이홀을 강하게 표현하고 블랙 섀도를 이용하여 그라데이션 합니다

7 아이섀도
블랙 펜슬을 이용하여 언더라인을 그려준 뒤 블랙 섀도를 이용하여 그라데이션 합니다.

8 아이라인
검정색 아이라이너로 아이홀 라인의 바깥쪽에 3개의 라인을 과장되게 그려줍니다.

9 속눈썹
아이래시컬러를 이용하여 속눈썹을 컬링 후 마스카라를 바른 뒤 모델의 눈에 맞게 인조 속눈썹을 붙입니다.

10 속눈썹
아이래시컬러를 이용하여 속눈썹을 가볍게 컬링하여 자연속눈썹과 인조 속눈썹이 분리되지 않도록 합니다.

③ 포인트 메이크업·볼 화장

1 치크
레드 브라운색으로 얼굴 앞쪽을 향하여 사선으로 선을 그리듯 강하게 발라줍니다.
tip_ 브러시 방향에 주의하며 경계선이지지 않도록 주의한다.

④ 포인트 메이크업·입술화장

1 입술
검붉은 색을 이용하여 펴 바르고 입술라인을 선명하게 표현합니다.

2 입술
구각에 짙은 검붉은 색을 발라주어 더욱 뚜렷하게 표현합니다.

5 완성

캐릭터 메이크업

Part 3

Make up Artist

3교시 | 캐릭터 메이크업

캐릭터 메이크업이란(Charater make-up)이란 무대 및 미디어 작품 속 등장인물의 성격을 시각적으로 표현하기 위한 메이크업이다. 메이크업을 통해 등장인물의 정보를 좀 더 쉽고 빠르게 관객에게 전달할 수 있으며 배우의 연기력을 높여준다. 매체 및 작품의 종류와 의도에 맞게 메이크업 하여야 하며 등장인물의 성격, 성별, 나이, 국적, 직업, 환경을 고려하여 메이크업 한다.

무대 메이크업은 관객과 거리가 떨어져 있기 때문에 배우의 성격을 잘 전달하기 위해 다소 과하게 선과 색상을 표현할 수 있으며 이는 무대와 관객의 거리에 따라 강약이 조절된다.

미디어 메이크업은 HD TV와 같은 고화질 TV로 인하여 세밀하게 피부가 보이기 때문에 최대한 자연스럽게 캐릭터를 표현하는 것이 중요하다.

▌3과제 캐릭터 메이크업 배점적용 ▌

준비 및 위생	숙련도 및 기법					완성도 (조화미)	총점
	피부표현	눈썹표현	눈표현 (노역주역)	불표현 (노역음영)	입술표현		
3	3	3	6	3	3	4	25점

1. 레오파드

레오파드(Leopard)란 표범의 무늬를 뜻한다. 레오파드 무늬는 의복 및 신발, 액세서리, 네일아트 등 다양하게 사용되고 있으며 뮤직비디오 및 패션쇼 메이크업, 공연, 무대 분장에서 메이크업 문양으로 표현되기도 한다. 표범의 눈매와 얼굴형, 부위에 따른 점이 크기를 고려하여 메이크업 한다.

베이스 메이크업		· 밝은 파운데이션을 사용하여 커버력있게 발라준다. · 라이트 브라운, 옐로우, 오렌지, 브라운 색상을 이용하여 베이스 메이크업 한다.
포인트 메이크업	아이브로우	· 동물은 눈썹이 없기에 표현하지는 않지만 상황에 따라 표현하기도 한다. · 눈썹을 가려줄 때에는 파운데이션이나 더마왁스, 스프리트 검, 실러를 사용한다.
	아이	· 날카로운 눈매를 표현하기 위해 눈 앞머리를 사선으로 그려주고 눈 꼬리는 길게 상향되게 그려준다.
	문양	· 브라운, 오렌지, 블랙 색상을 이용하여 문양을 그려준다. · 부위에 따라 문양의 크기를 조절한다.
	립	· 버건디 색상의 립을 발라주고 구각은 검정색으로 칠하여 날카로운 이미지를 표현한다.

과제명

캐릭터 메이크업 (레오파드)

시험시간   50분 배점 25점

❶ 요구사항

※ 지참재료 및 도구를 사용하여 아래의 요구사항에 따라 캐릭터 메이크업(레오파드)을 시험시간 내에 완성하시오.

가. 과제를 수행하기 전 수험자의 손 및 도구류를 소독한 후 제시된 도면을 참고하여 캐릭터 메이크업 (레오파드) 스타일을 연출하시오.
나. 모델의 피부 톤에 적합한 메이크업베이스를 바르시오.
다. 피부 톤보다 밝은 색 파운데이션을 이용하여 바른 후 파우더로 마무리 하시오.
라. 옐로, 오렌지, 브라운색의 아쿠아 컬러나 아이섀도 등을 사용하여 도면과 같이 조화롭게 그라데이션을 하시오.
마. 아이홀 부위는 도면과 같이 흰색으로 뚜렷하게 표현하고 검정색 아이라이너, 아쿠아 컬러 등으로 눈꺼풀 위와 눈 밑 언더라인의 트임을 표현하시오.
바. 레오파드 무늬는 아쿠아 컬러나 아이라이너 등을 사용하여 선명하고 점진적으로 표현하시오.
사. 인조 속눈썹을 사용하여 길고 날카로운 눈매를 표현하시오.
아. 도면과 같이 언더라인은 아이라이너를 사용하여 그리거나 인조 속눈썹을 붙여 표현하시오.
자. 버건디 레드의 립컬러를 모델의 입술에 맞게 사용하되 구각을 강조한 인커브 형태(구각)로 표현하시오.

❷ 수험자 유의사항

1) 모델은 문신(눈썹, 아이라인, 입술 등), 속눈썹 연장 및 메이크업이 되어 있지 않은 상태이어야 합니다.
2) 스파츌라, 속눈썹 가위, 족집게, 눈썹칼 등의 도구류를 사용 전 소독제로 소독해야 합니다.
3) 메이크업 베이스, 파운데이션을 펴 바를 때 스펀지 퍼프 또는 브러시를 사용하시오.
4) 아이섀도, 치크, 립 등의 표현 시 등 적합한 도구를 사용하시오.
5) 화장품은 요구사항에 지정된 제형 외에는 타입에 상관없이 자유롭게 사용하시오.

| 자격종목 | 미용사(메이크업) | 과제명 | 캐릭터 메이크업 (레오파드) | 척도 | NS |

베이스 메이크업
모델 피부 톤보다 밝은 색 파운데이션으로 결점 없이 커버한다.
파우더로 마무리 한다.

문양 표현
아쿠아 컬러나 아이라이너를 이용하여 문양을 그려준다.
부위에 따라 패턴의 크기를 조절한다.

피부 색상 표현
옐로우, 오렌지, 브라운색의 아쿠아 컬러나 아이섀도 등을 이용하여 헤어라인, 이마, 아이 홀, 눈썹, 광대뼈 주변 부위에 발라준다.
· 흰색으로 아이 홀 부위와 눈 주변, 언더에 발라준다.

아이 메이크업
블랙 아이라이너로 눈꺼풀 위와 눈 밑 언더라인의 트임을 표현한다.
인조 속눈썹을 사용하여 길고 날카로운 눈매를 표현한다.
언더라인은 아이라이너를 그리거나 인조 속눈썹을 붙여 표현한다.

립
버건디 레드의 립 컬러를 발라준다.
· 구각을 강조한 인커브 형태로 발라준다.

재료

1. 소독제
2. 위생봉투
3. 메이크업 베이스
4. 크림 파운데이션
5. 컨실러
6. 페이스 파우더
7. 하이라이트 & 섀딩
8. 메이크업용 브러시 셋트
9. 아이섀도 팔레트
10. 립 팔레트
11. 아이브로우 펜슬
12. 립 펜슬
13. 젤 아이라이너
14. 리퀴드 아이라이너
15. 마스카라
16. 펄 파우더
17. 팔레트
18. 면봉
19. 탈지면 용기
20. 미용솜
21. 스파츌라
22. 눈썹 가위
23. 눈썹 칼
24. 족집게
25. 뷰러
26. 인조 속눈썹
27. 속눈썹 접착제
28. 스펀지
29. 분첩
30. 집게(속눈썹 부착용)
31. 립 글로스
32. 아쿠아 컬러
33. 물통
34. 아트용 브러시

캐릭터 메이크업 (레오파드)

1 ▶ 베이스 메이크업·피부 표현

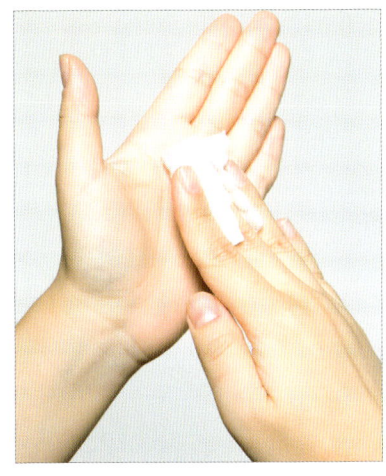

※ 소독 및 위생
과제를 수행하기 전 수험자의 손 및 도구류를 소독합니다.

1 메이크업 베이스
모델의 피부 톤에 적합한 메이크업 베이스를 선택하여 얇고 고르게 펴 바릅니다.

2 파운데이션
모델의 피부 톤보다 밝은 크림파운데이션을 발라줍니다.

3 파우더
파우더를 발라줍니다.
tip_ 화이트파우더나 밝은색의 파우더를 발라준다.

② 바탕색 표현

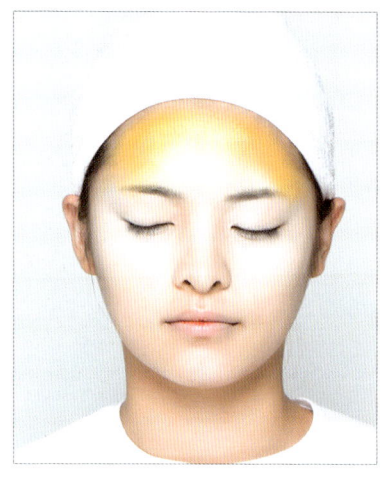

1 옐로우 아이섀도를 이용하여 헤어라인 부위에 넓게 그라데이션 합니다.
tip_ 발색력을 높이려면 붓을 가볍게 눌러준다.

2 오렌지 아이섀도를 이용하여 노즈라인에 그라데이션 합니다.
tip_ 좌·우 대칭에 주의하며 둥글게 표현한다.

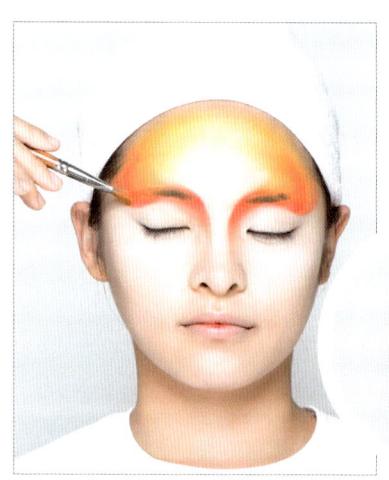

3 오렌지 아이섀도를 관자놀이에서 아이홀선을 연결하고 노즈라인으로 연결하여 줍니다.
tip_ 그라데이션 방향에 주의하며 곡선으로 표현한다.

4 블랙 섀도를 이용하여 아이홀선을 강하게 표현합니다.

5   화이트 아이섀도를 이용하여 눈두덩과 관자놀이 부위를 발라줍니다.
tip_ 화이트 파운데이션을 이용하여 아이홀을 깔끔하게 정리 후 화이트 아이섀도를 발라주어 발색력을 높인다.

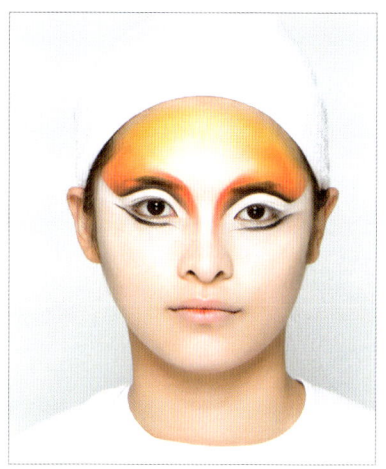

6   블랙 아이라이너로 언더라인을 그려준 뒤 블랙섀도로 그라데이션 하며 화이트 아이섀도로 공간을 채워줍니다.
tip_ 라인의 양 끝이 가늘어지도록 표현한다.

7   오린지 아이섀도를 광대뼈 바깥 부위에 발라줍니다.

8   브라운 아이섀도를 이용하여 블랙과 오렌지 아이섀도 사이에 발라주어 자연스러운 그라데이션을 표현합니다.

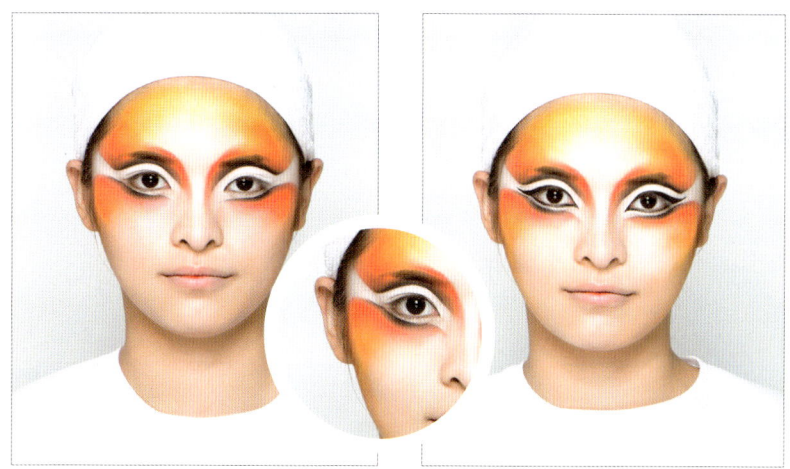

9   옐로우 아이섀도를 이용하여 볼 안쪽으로 그라데이션 합니다.

10   검정색 아이라이너를 이용하여 눈꺼풀 위와 눈 밑 언더라인이 트임을 표현합니다.

③ 레오파드 무늬 표현

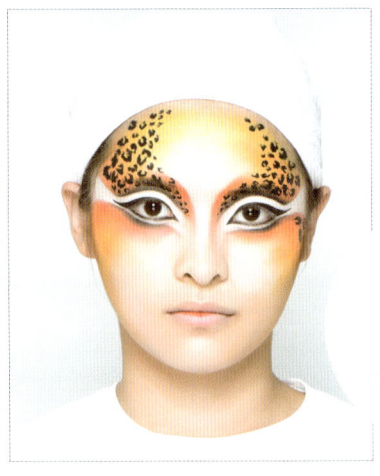

1. 레오파드 무늬는 아쿠아 컬러나 아이라이너 등을 사용하여 선명하고 점진적으로 표현합니다.
   tip_ 아이홀 부위와 노즈 부위 등 좁은 부위에는 작은 레오파드 무늬를 그리고 넓은 부위에는 좀 더 큰 무늬를 그린다.

④ 포인트 메이크업

1. 아이래시컬러를 이용하여 속눈썹을 컬링 후 마스카라를 발라줍니다.
2. 인조 속눈썹을 붙여줍니다.

3 블랙 립 라이너로 인커브 형태를 그려줍니다.

4 버건디 레드의 립 컬러를 발라줍니다.

5 완성

2. 한국무용

한국 무용은 한국 전통의 미를 바탕으로 곡선을 살려 표현하고 한복의 색상에 맞춰 메이크업 한다. 전통색인 오방색(청색, 적색, 황색, 백색, 흑색)을 주로 사용하며 피부는 밝게 표현하고 입술은 붉은 계열을 사용한다. 쪽진 머리와 어울리도록 귀밑머리를 아이라이너 제품으로 그려준다.

베이스 메이크업		· 화사한 피부표현을 위해 핑크빛이 도는 파운데이션을 사용하며 핑크 파우더로 마무리 한다. · 커버력이 높고 지속력이 우수한 파운데이션을 사용한다. · 무대 메이크업에 맞게 하이라이트와 섀딩을 한다.
포인트 메이크업	아이브로우	· 그레이, 다크 브라운과 블랙 색상의 아이브로우 제품을 이용하여 선이 뚜렷한 곡선형의 눈썹을 그려준다. · 눈썹 뼈에 펄이 없는 밝은 색으로 하이라이트를 준다.
	아이	· 핑크, 마젠타, 오렌지, 브라운 등 붉은 계열을 주로 사용하며 푸른색 계열로 포인트를 줄 수 있다. · 눈매는 처지지 않도록 꼬리가 상승되게 표현한다. · 지속력이 높고 워터프루프 기능이 있는 검정색 아이라이너를 이용하여 두껍고 길게 그려준다. · 언더라인을 그려주어 눈이 커보이도록 한다. · 길고 풍성한 인조 속눈썹을 붙여준다.
	치크	· 진한 핑크계열로 관자놀이 주변을 화사하게 발라준다. · 블랙 아이라이너 제품으로 귀밑머리를 그려준다.
	립	· 립 라이너를 이용하여 입술 라인을 뚜렷하게 표현한다. · 핑크, 레드, 오렌지 계열의 색상을 발라준다.

과제명: 캐릭터 메이크업 (한국무용)

시험시간 50분 배점 25점

❶ 요구사항

※ 지참재료 및 도구를 사용하여 아래의 요구사항에 따라 캐릭터 메이크업 (한국무용)을 시험시간 내에 완성하시오.

가. 과제를 수행하기 전 수험자의 손 및 도구류를 소독한 후 제시된 도면을 참고하여 캐릭터 메이크업 (한국무용) 스타일을 연출하시오.
나. 모델의 피부 톤에 적합한 메이크업베이스를 선택하여 얇고 고르게 펴 바르시오.
다. 모델의 피부 톤에 맞춰 결점을 커버하고 파운데이션으로 깨끗하게 피부표현 하시오.
라. 섀딩과 하이라이트로 윤곽 수정 후 핑크 파우더로 매트하게 마무리하시오.
마. 눈썹은 브라운색으로 시작하여 검정색으로 자연스럽게 연결되도록 표현하며 모델의 얼굴형을 고려하여 도면과 같이 부드러운 곡선의 동양적인 눈썹으로 표현하시오.
바. 눈썹 뼈에 흰색으로 하이라이트를 주어 입체감 있는 눈매를 연출하시오.
사. 연분홍색 아이섀도를 이용하여 눈두덩을 그라데이션 하시오.
아. 눈 꼬리 부분과 언더라인을 마젠타컬러로 포인트를 주고 도면과 같이 상승형으로 표현하시오.
자. 아이라인은 검정색 아이라이너를 사용하여 도면과 같이 그리고 언더라인은 펜슬 또는 아이섀도로 마무리 하시오.
차. 뷰러를 이용하여 자연 속눈썹을 컬링하시오.
카. 마스카라 후 검정색의 짙은 인조 속눈썹을 사용하여 끝부분이 처지지 않도록 상승형으로 붙이시오.
타. 치크는 핑크색으로 광대뼈를 감싸듯 화사하게 표현하시오.
파. 레드컬러의 립 라이너를 이용하여 립 안쪽으로 그라데이션하고 핑크가 가미된 레드색의 립컬러로 블렌딩 하시오.
하. 블랙펜슬 또는 블랙 아이라이너를 이용하여 귀밑머리를 자연스럽게 그리시오.

❷ 수험자 유의사항

1) 모델은 문신(눈썹, 아이라인, 입술 등), 속눈썹 연장 및 메이크업이 되어 있지 않은 상태이어야 합니다.
2) 스파출라, 속눈썹 가위, 족집게, 눈썹칼 등의 도구류를 사용 전 소독제로 소독해야 합니다.
3) 메이크업 베이스, 파운데이션을 펴 바를 때 스펀지 퍼프 또는 브러시를 사용하시오.
4) 아이섀도, 치크, 립 등의 표현 시 등 적합한 도구를 사용하시오.
5) 화장품은 요구사항에 지정된 제형 외에는 타입에 상관없이 자유롭게 사용하시오.

| 자격종목 | 미용사(메이크업) | 과제명 | 캐릭터 메이크업 (한국무용) | 척도 | NS |

베이스 메이크업
피부 톤에 맞춰 결점을 커버하고 깨끗하게 표현한다.
섀딩과 하이라이트를 표현한다.
핑크 파우더로 매트하게 발라준다.

눈썹
눈썹은 브라운색으로 시작하여 검정색으로 자연스럽게 연결되도록 하며 부드러운 곡선형의 눈썹으로 표현한다.

치크
핑크색으로 광대뼈를 감싸듯 화사하게 표현한다.
블랙 아이라이너 제품으로 귀밑머리를 그려준다.

립
레드색의 립 라이너를 이용하여 립 안쪽을 그라데이션 한다.
핑크가 가미된 레드색의 립 컬러를 입술 중심으로 발라준다.

아이섀도
눈썹 뼈에 흰색으로 하이라이트를 준다.
눈두덩이에 연분홍색 아이섀도를 이용하여 발라주며 그라데이션 한다.
눈 꼬리 부분과 언더라인은 마젠타색으로 포인트를 준다.

속눈썹
짙은 인조 속눈썹을 붙여주고 자연 속눈썹과 분리되지 않도록 한다.

아이라인
검정색 아이라이너로 아이라인을 그리고 언더라인은 펜슬 또는 아이섀도로 마무리 한다.

재료

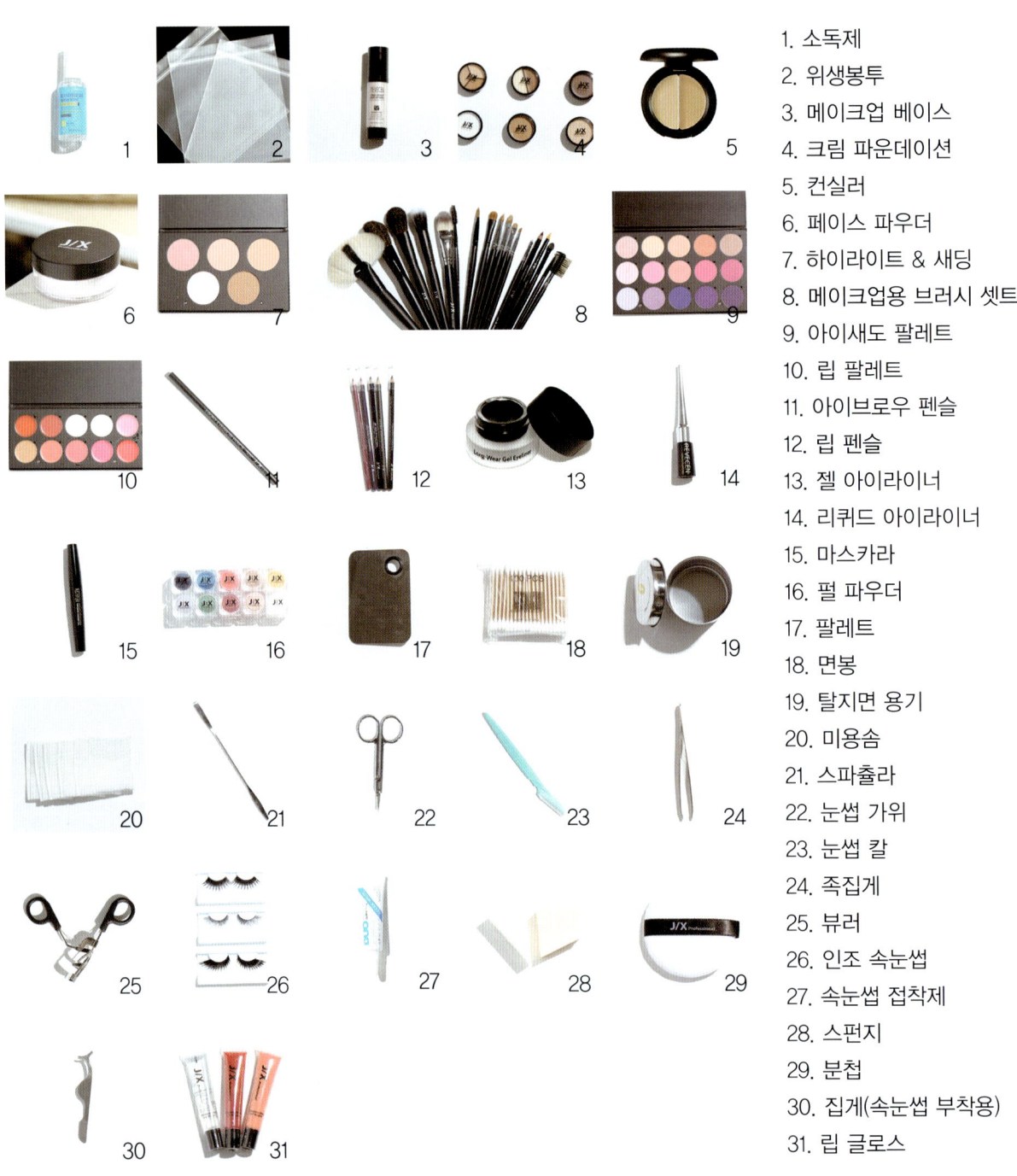

1. 소독제
2. 위생봉투
3. 메이크업 베이스
4. 크림 파운데이션
5. 컨실러
6. 페이스 파우더
7. 하이라이트 & 새딩
8. 메이크업용 브러시 셋트
9. 아이섀도 팔레트
10. 립 팔레트
11. 아이브로우 펜슬
12. 립 펜슬
13. 젤 아이라이너
14. 리퀴드 아이라이너
15. 마스카라
16. 펄 파우더
17. 팔레트
18. 면봉
19. 탈지면 용기
20. 미용솜
21. 스파츌라
22. 눈썹 가위
23. 눈썹 칼
24. 족집게
25. 뷰러
26. 인조 속눈썹
27. 속눈썹 접착제
28. 스펀지
29. 분첩
30. 집게(속눈썹 부착용)
31. 립 글로스

캐릭터 메이크업 (한국무용)

1 베이스 메이크업·피부 표현

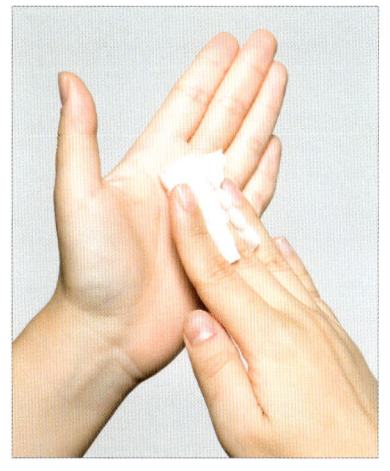

※ 소독 및 위생
과제를 수행하기 전 수험자의 손 및 도구류를 소독합니다.

1 메이크업 베이스
모델의 피부 톤에 적합한 메이크업 베이스를 선택하여 얇고 고르게 펴 바릅니다.

2 파운데이션
모델의 피부 톤에 맞춰 결점을 커버하고 파운데이션으로 깨끗하게 표현합니다.

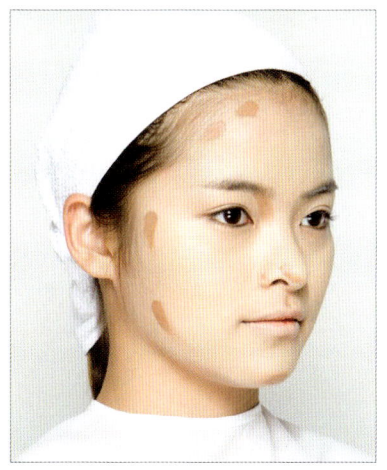

3 섀딩
모델의 피부 톤보다 약간 어두운 톤의 파운데이션을 이용하여 헤어라인 및 페이스 라인, 코 벽을 발라줍니다.
tip_ 경계선이 지지 않도록 주의한다.

4 하이라이터
아이보리 색상의 파운데이션을 이용하여 이마, 코, 눈썹 뼈, 눈 밑, 턱 등 부위에 발라줍니다.
tip_ 패팅 기법을 이용하여 발라준다.

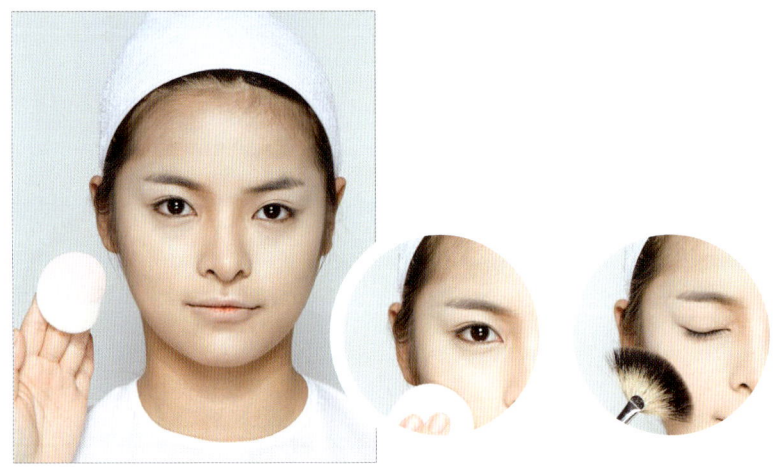

5 파우더
핑크 파우더로 매트하게
마무리 하고 여분의 파우더는
팬브러시로 쓸어줍니다.

2 포인트 메이크업·눈 화장

1 눈썹
브라운색으로 시작하여
검정색으로 자연스럽게
연결되도록 하며 모델의 얼굴형을
고려하여 부드러운 곡선의
동양적인 눈썹으로 표현합니다.

2 눈썹
화이트 파운데이션이나 컨실러를
사용하여 눈썹 아래를 발라주어
깔끔한 눈썹 형태를 표현합니다.

3 아이섀도
화이트 아이섀도를 눈썹뼈에 발라 입체감 있는 눈매를 연출하고 눈두덩과 언더에 발라 피부를 깨끗하게 표현합니다.
tip_ 핑크색상을 깨끗하게 표현하기 위해 화이트 아이섀도를 충분히 바른다.

4 아이섀도
연분홍색 아이섀도를 이용하여 눈두덩을 그라데이션 합니다.

5 아이섀도
눈꼬리 부분과 언더라인을 마젠타색으로 포인트를 주고 도면과 같이 상승형으로 표현합니다.

6 아이라인
펜슬 또는 아이섀도를 이용하여 언더라인을 그려줍니다.
tip_ 선이 꺾이지 않도록 한다.

7 아이라인
언더라인과 연결하여준다.

8 아이라인
앞트임을 표현한다.

9 속눈썹
아이래시컬러를 이용하여 속눈썹을 컬링합니다.

10 속눈썹
마스카라 후 검정색의 짙은 인조 속눈썹을 사용하여 끝 부분이 처지지 않도록 상승형으로 붙입니다.

③ 윤곽수정

1 하이라이터
아이보리 색상을 이용하여 T-zone, 눈 밑, 턱 부위에 하이라이터를 표현합니다.

2 섀딩
피부 톤보다 어두운 색상을 이용하여 헤어라인, 페이스 라인, 코 벽에 섀딩을 표현합니다.
tip_ 얼굴 형에 맞춰 표현한다.

④ 포인트 메이크업·볼 화장

1 치크
핑크색으로 광대뼈를 감싸듯 화사하게 표현합니다.

5 포인트 메이크업·입술화장

1 입술
레드색의 립라이너를 이용하여 립 안쪽으로 그라데이션 하고 핑크가 가미된 레드색의 립 컬러로 블렌딩 합니다.

6 포인트

1 귀밑머리
블랙 펜슬 또는 블랙 라이너를 이용하여 귀밑머리를 자연스럽게 그려줍니다.

7 완성

3. 발레

발레는 음악과 함께 판토마임으로 이루어지는 무대극이므로 인물의 캐릭터를 잘 나타낼 수 있도록 선, 면 등이 강하게 표현되며 화려하면서도 우아하고 아름다운 여성미를 메이크업으로 표현한다. 개성보다는 캐릭터의 성격을 잘 표현하여야 한다.

베이스 메이크업		· 본래의 피부 톤보다 밝고 화사하게 표현한다. · 화사한 피부표현을 위해 핑크빛이 도는 파운데이션을 사용하며 핑크 파우더로 마무리한다. · 커버력이 높고 지속력이 우수한 파운데이션을 사용한다. · 무대 메이크업에 맞게 하이라이트와 섀딩을 한다.
포인트 메이크업	아이브로우	· 그레이, 다크 브라운과 블랙 색상을 이용하여 아치형 또는 갈매기형으로 그려준다. · 눈썹 뼈에 밝은 색으로 하이라이트를 준다.
	아이	· 아이홀에도 아이라인을 그려주어 눈이 커보이도록 한다. · 핑크, 퍼플, 블루, 브라운 계열의 색상을 이용하여 발라준다. · 눈두덩이에는 밝은 색상을 발라주어 입체감 있는 눈화장을 한다. · 아이라이너는 워터프루프 기능이 있는 제품으로 굵고 길게 그려준다. · 언더라인에도 아이라인을 그려주어 눈이 커보이도록 한다. · 길고 풍성한 인조 속눈썹을 붙여준다.
	치크	· 핑크계열로 관자놀이 부분을 화사하게 발라준다.
	립	· 립 라이너를 이용하여 입술 라인을 또렷하게 표현한다. · 핑크, 레드, 마젠타, 로즈, 퍼플 계열로 발라준다.

과제명

캐릭터 메이크업 (발레)

시험시간 50분 배점 25점

❶ 요구사항

※ 지참재료 및 도구를 사용하여 아래의 요구사항에 따라 캐릭터 메이크업 (한국무용)을 시험시간 내에 완성하시오.

가. 과제를 수행하기 전 수험자의 손 및 도구류를 소독한 후 제시된 도면을 참고하여 캐릭터 메이크업 (한국무용) 스타일을 연출하시오.
나. 모델의 피부 톤에 적합한 메이크업베이스를 선택하여 얇고 고르게 펴 바르시오.
다. 모델의 피부 톤에 맞춰 결점을 커버하고 파운데이션으로 깨끗하게 피부표현 하시오.
라. 섀딩과 하이라이트로 윤곽 수정 후 핑크 파우더로 매트하게 마무리하시오.
마. 눈썹은 브라운색으로 시작하여 검정색으로 자연스럽게 연결되도록 표현하며 모델의 얼굴형을 고려하여 도면과 같이 부드러운 곡선의 동양적인 눈썹으로 표현하시오.
바. 눈썹 뼈에 흰색으로 하이라이트를 주어 입체감 있는 눈매를 연출하시오.
사. 연분홍색 아이섀도를 이용하여 눈두덩을 그라데이션 하시오.
아. 눈 꼬리 부분과 언더라인을 마젠타컬러로 포인트를 주고 도면과 같이 상승형으로 표현하시오.
자. 아이라인은 검정색 아이라이너를 사용하여 도면과 같이 그리고 언더라인은 펜슬 또는 아이섀도로 마무리 하시오.
차. 뷰러를 이용하여 자연 속눈썹을 컬링하시오.
카. 마스카라 후 검정색의 짙은 인조 속눈썹을 사용하여 끝부분이 처지지 않도록 상승형으로 붙이시오.
타. 치크는 핑크색으로 광대뼈를 감싸듯 화사하게 표현하시오.
파. 레드컬러의 립 라이너를 이용하여 립 안쪽으로 그라데이션하고 핑크가 가미된 레드색의 립컬러로 블렌딩 하시오.
하. 블랙펜슬 또는 블랙 아이라이너를 이용하여 귀밑머리를 자연스럽게 그리시오.

❷ 수험자 유의사항

1) 모델은 문신(눈썹, 아이라인, 입술 등), 속눈썹 연장 및 메이크업이 되어 있지 않은 상태이어야 합니다.
2) 스파출라, 속눈썹 가위, 족집게, 눈썹칼 등의 도구류를 사용 전 소독제로 소독해야 합니다.
3) 메이크업 베이스, 파운데이션을 펴 바를 때 스펀지 퍼프 또는 브러시를 사용하시오.
4) 아이섀도, 치크, 립 등의 표현 시 등 적합한 도구를 사용하시오.
5) 화장품은 요구사항에 지정된 제형 외에는 타입에 상관없이 자유롭게 사용하시오.

| 자격종목 | 미용사(메이크업) | 과제명 | 캐릭터 메이크업 (발레) | 척도 | NS |

베이스 메이크업
피부 톤에 맞춰 결점을 커버하고 깨끗하게 표현한다.
쉐딩과 하이라이트를 표현한다.
핑크 파우더로 매트하게 발라준다.

눈썹
눈썹은 다크 브라운색으로 시작하여 블랙으로 자연스럽게 연결되도록 표현하고 갈매기형태로 그린다.

치크
핑크색으로 광대뼈를 감싸듯 화사하게 표현한다.

립
로즈색의 립 라이너를 이용하여 립 안쪽으로 그라데이션한다.
핑크색 립 컬러를 입술 중심으로 발라준다.

아이섀도
눈썹 뼈에 흰색으로 하이라이트를 준다.
아이 홀은 핑크와 퍼플색을 이용하여 그라데이션 하고 홀의 안쪽은 흰색 아이섀도를 바른다. 속눈썹 라인을 따라 아쿠아 블루색으로 포인트를 준다.
언더라인은 일정한 간격을 두고 아쿠아 블루 색을 바르고 그라데이션 하며 라인 위쪽에 흰색을 넣어 눈이 커보이도록 한다.

속눈썹
짙은 인조 속눈썹 끝 부분이 처지지 않도록 상승형으로 붙이며 자연 속눈썹과 분리되지 않도록 한다.

아이라인
검정색 아이라이너로 아이라인과 언더라인을 길게 그린다.

재료

1. 소독제
2. 위생봉투
3. 메이크업 베이스
4. 크림 파운데이션
5. 컨실러
6. 페이스 파우더
7. 하이라이트 & 섀딩
8. 메이크업용 브러시 셋트
9. 아이섀도 팔레트
10. 립 팔레트
11. 아이브로우 펜슬
12. 립 펜슬
13. 젤 아이라이너
14. 리퀴드 아이라이너
15. 마스카라
16. 펄 파우더
17. 팔레트
18. 면봉
19. 탈지면 용기
20. 미용솜
21. 스파츌라
22. 눈썹 가위
23. 눈썹 칼
24. 족집게
25. 뷰러
26. 인조 속눈썹
27. 속눈썹 접착제
28. 스펀지
29. 분첩
30. 집게(속눈썹 부착용)
31. 립 글로스

캐릭터 메이크업 (발레)

1 베이스 메이크업·피부 표현

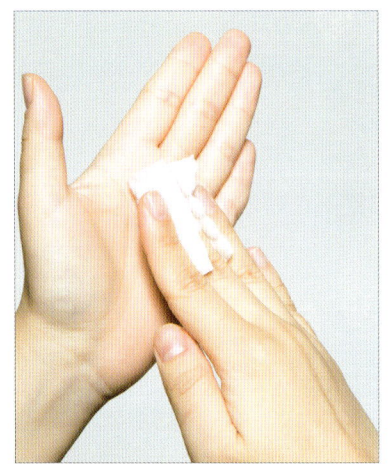

※ 소독 및 위생
과제를 수행하기 전 수험자의 손 및 도구류를 소독합니다.

1 메이크업 베이스
모델의 피부 톤에 적합한 메이크업 베이스를 선택하여 얇고 고르게 펴 바릅니다.

2 파운데이션
모델의 피부 톤에 맞춰 결점을 커버하고 파운데이션으로 깨끗하게 표현합니다.

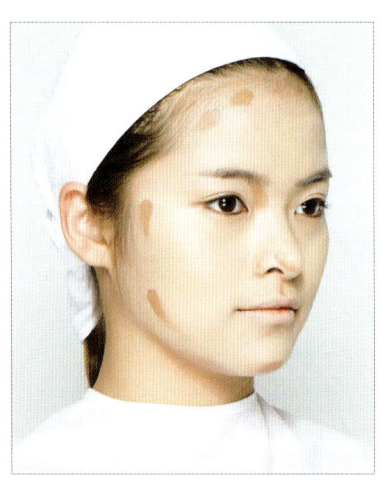

3 섀딩
모델의 피부 톤보다 약간 어두운 톤의 파운데이션을 이용하여 헤어라인 및 페이스 라인, 코 벽을 발라줍니다.
tip_ 경계선이 지지 않도록 주의한다.

4 하이라이터
아이보리 색상의 파운데이션을 이용하여 이마, 코, 눈썹 뼈, 눈 밑, 턱 등 부위에 발라줍니다.
tip_ 패팅 기법을 이용하여 발라준다.

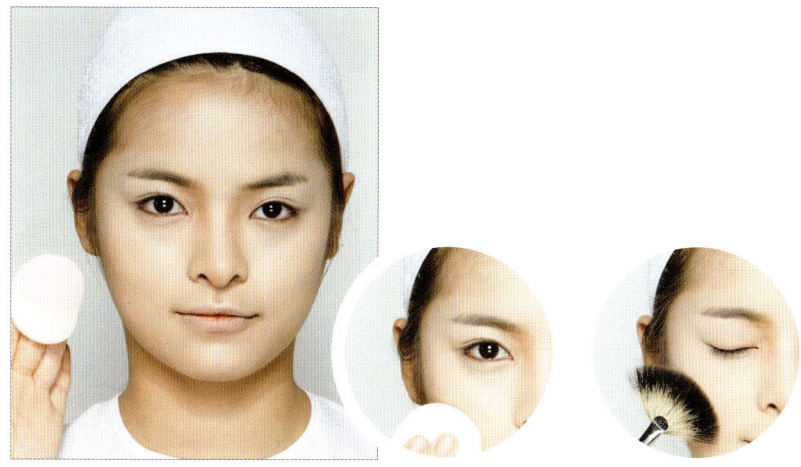

5 파우더
핑크 파우더로 매트하게
마무리 하고 여분의 파우더는
팬브러시로 쓸어줍니다.

2 포인트 메이크업·눈 화장

1 눈썹
다크 브라운색으로 시작하여
블랙으로 자연스럽게 연결되도록
표현하며 모델의 얼굴형을
고려하여 갈매기 형태로
그려줍니다.

2 눈썹
눈썹뼈에 화이트 아이섀도로
하이라이트를 주어 입체감 있는
눈매를 연출하고 눈두덩에 발라
피부를 깨끗하게 합니다.

3 아이섀도
핑크색 아이섀도를 사용하여
아이홀을 표현하고 그라데이션
합니다.
tip_ 아이홀 바깥 방향으로 그라데이션 한다.

4 아이섀도
퍼플 아이섀도를 사용하여 아이홀을 깊이감있게 표현합니다.

5 아이섀도
속눈썹을 따라서 아쿠아 블루색으로 포인트를 줍니다.

6 아이섀도
화이트 아이섀도를 언더라인에 바르고 아쿠아 블루색을 눈과 일정한 간격을 두고 그려줍니다.

7 아이라인
블랙 아이라이너를 길게 그려줍니다.

8 아이라인
블랙 아이라이너를 이용하여
언더라인에 속눈썹을 그려줍니다.
tip_ 속눈썹 끝이 가늘어 지도록 그린다.

9 속눈썹
아이래시컬러를 이용하여
속눈썹을 컬링 후 마스카라를
발라줍니다.

10 속눈썹
검정색의 짙은 인조 속눈썹을
끝 부분이 처지지 않도록
상승형으로 붙여주고 아이래시
컬러로 살짝 눌러주어 자연
속눈썹과 인조 속눈썹이
분리되지 않도록 합니다.

3 윤곽수정

1 하이라이터
아이보리 색상을 이용하여
T-zone, 눈 밑, 턱 부위에
하이라이터를 표현합니다.

2 섀딩
피부 톤보다 어두운 색상을
이용하여 헤어라인, 페이스 라인,
코 벽에 섀딩을 표현합니다.
tip_ 얼굴 형에 맞춰 표현한다.

4 포인트 메이크업·볼 화장·입술화장

1 치크
핑크색으로 광대뼈를 감싸듯
화사하게 표현합니다.

1 입술
로즈색의 립라이너를 이용하여
립 안쪽으로 그라데이션 하고
핑크색 립 컬러로 블렌딩 합니다.

5 완성

4. 노역(추면)

노역 캐릭터 메이크업은 무대 메이크업과 미디어 메이크업으로 나뉘며 상황에 맞게 색상과 선의 강도를 조절하여야 한다. 무대 메이크업에서는 무대의 크기에 따라 색상과 선의 강도를 조절하며 무대가 관객과 멀어질수록 선은 굵고 진해지며 하이라이트와 섀딩은 과장되게 표현한다. 미디어 메이크업에서는 배우의 골격과 실제 주름을 고려하여 최대한 자연스럽게 캐릭터를 표현하여야 한다.

베이스 메이크업		· 붉은기 없는 파운데이션으로 발라준다. · 이마, 눈썹 뼈, 광대뼈, 콧등 등 튀어나오는 부위에 하이라이트를 준다. · 이마, 코 옆, 눈 밑 등 움푹 패인 곳에 섀딩을 준다. · 파우더를 소량 발라준 후 아이섀도와 펜슬을 이용하여 골격과 주름 표현을 완성한다.
포인트 메이크업	아이브로우	· 눈썹은 회색 또는 흰색으로 표현한다.
	아이	· 눈이 움푹 들어가 보이도록 아이홀 부위에 브라운 계열로 발라주며 눈꼬리가 처지도록 표현한다. · 눈가의 주름은 펜슬을 이용하여 그려주며 아이섀도를 이용하여 음영을 준다.
	치크	· 혈색이 없어보이도록 생략한다. · 광대뼈가 튀어나와 보이도록 하이라이트 및 섀딩을 발라준다.
	립	· 입술 주름을 표현하기 위해 입술을 오므리고 밝은 색의 파운데이션을 가볍게 두들기듯 발라준다. · 펜슬을 이용하여 주름을 더욱 강조한다.

과제명

캐릭터 메이크업 (노역)

시험시간 50분 배점 25점

1 요구사항

※ 지참재료 및 도구를 사용하여 아래의 요구사항에 따라 캐릭터 메이크업(노역)을 시험시간 내에 완성하시오.

가. 과제를 수행하기 전 수험자의 손 및 도구류를 소독한 후 제시된 도면을 참고하여 캐릭터 메이크업 (노역) 스타일을 연출하시오.
나. 모델의 피부 톤에 적합한 메이크업베이스를 바르시오.
다. 파운데이션을 가볍게 바르고 모델 피부 톤보다 한 톤 어둡게 피부표현 하시오.
라. 섀딩 컬러로 얼굴의 굴곡부분을 자연스럽게 표현하시오.
마. 하이라이트 컬러를 이용하여 돌출부분을 도면과 같이 표현하시오.
바. 갈색 펜슬을 이용하여 얼굴의 주름을 표현하고 파우더로 가볍게 마무리 하시오.
사. 눈썹은 강하지 않게 회갈색을 이용하여 표현하시오.
아. 립 컬러는 내츄럴 베이지를 이용하여 아랫입술이 윗입술보다 두껍지 않게 표현하시오.

2 수험자 유의사항

1) 모델은 문신(눈썹, 아이라인, 입술 등), 속눈썹 연장 및 메이크업이 되어 있지 않은 상태이어야 합니다.
2) 스파출라, 속눈썹 가위, 족집게, 눈썹칼 등의 도구류를 사용 전 소독제로 소독해야 합니다.
3) 메이크업 베이스, 파운데이션을 펴 바를 때 스펀지 퍼프 또는 브러시를 사용하시오.
4) 아이섀도, 치크, 립 등의 표현 시 등 적합한 도구를 사용하시오.
5) 화장품은 요구사항에 지정된 제형 외에는 타입에 상관없이 자유롭게 사용하시오.

| 자격종목 | 미용사(메이크업) | 과제명 | 캐릭터 메이크업 (노역) | 척도 | NS |

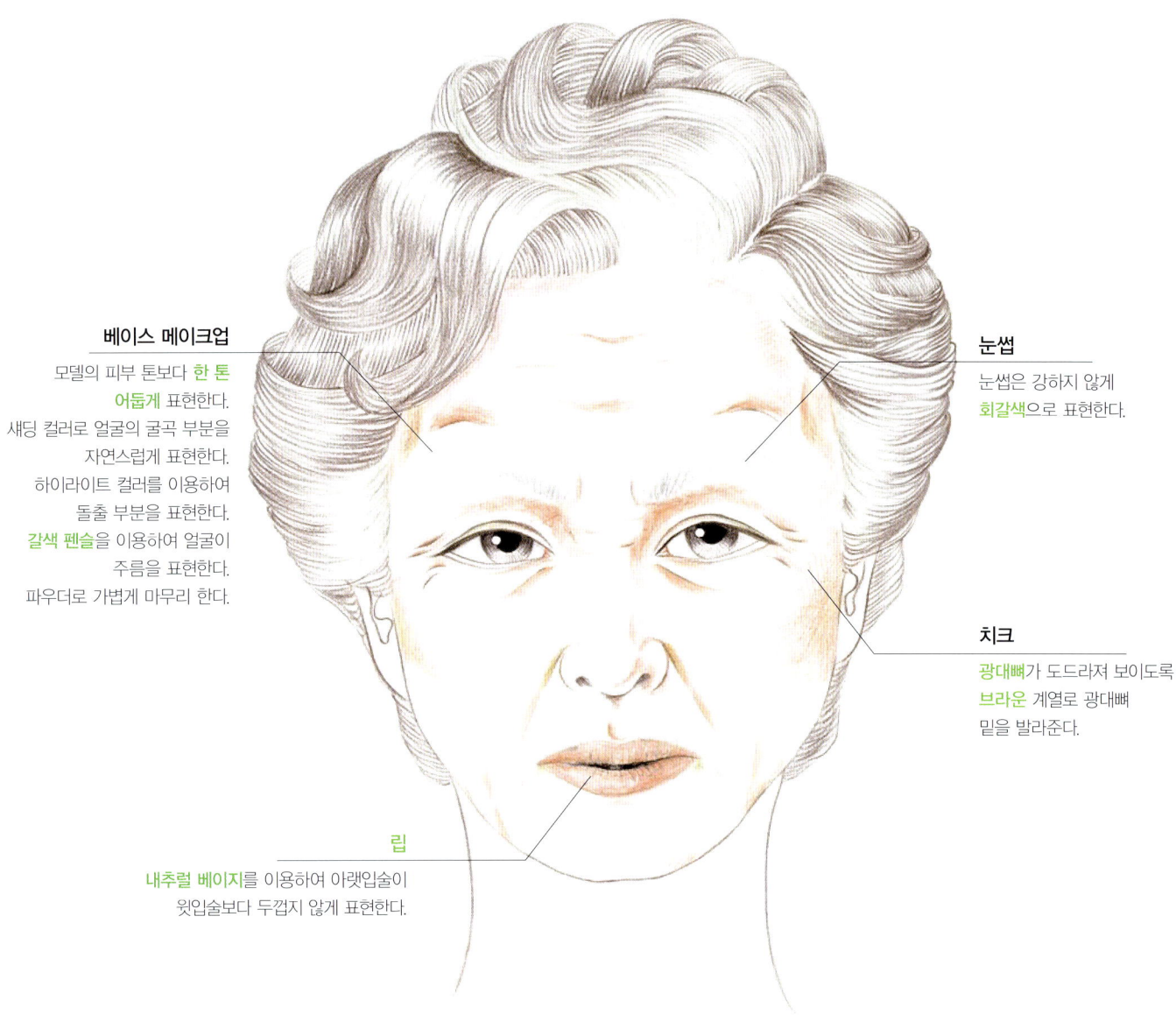

베이스 메이크업
모델의 피부 톤보다 한 톤 어둡게 표현한다.
쉐딩 컬러로 얼굴의 굴곡 부분을 자연스럽게 표현한다.
하이라이트 컬러를 이용하여 돌출 부분을 표현한다.
갈색 펜슬을 이용하여 얼굴이 주름을 표현한다.
파우더로 가볍게 마무리 한다.

눈썹
눈썹은 강하지 않게 회갈색으로 표현한다.

치크
광대뼈가 도드라져 보이도록 브라운 계열로 광대뼈 밑을 발라준다.

립
내추럴 베이지를 이용하여 아랫입술이 윗입술보다 두껍지 않게 표현한다.

재료

1. 소독제
2. 위생봉투
3. 메이크업 베이스
4. 크림 파운데이션
5. 컨실러
6. 페이스 파우더
7. 하이라이트 & 섀딩
8. 메이크업용 브러시 셋트
9. 아이섀도 팔레트
10. 립 팔레트
11. 아이브로우 펜슬
12. 립 펜슬
13. 젤 아이라이너
14. 리퀴드 아이라이너
15. 마스카라
16. 펄 파우더
17. 팔레트
18. 면봉
19. 탈지면 용기
20. 미용솜
21. 스파츌라
22. 눈썹 가위
23. 눈썹 칼
24. 족집게
25. 뷰러
26. 스펀지
27. 분첩
28. 립 글로스

캐릭터 메이크업(노역)

1 베이스 메이크업·피부 표현

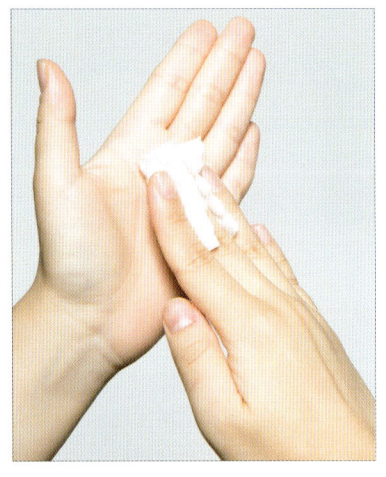

※ **소독 및 위생**
과제를 수행하기 전 수험자의 손 및 도구류를 소독합니다.

1 **메이크업 베이스**
모델의 피부 톤에 적합한 메이크업 베이스를 선택하여 얇고 고르게 펴 바릅니다.

2 **파운데이션**
파운데이션을 가볍게 바르고 모델 피부 톤보다 한 톤 어둡게 피부표현 합니다.

3 **파운데이션**
속눈썹 사이사이도 파운데이션을 발라줍니다.

② 굴곡 표현

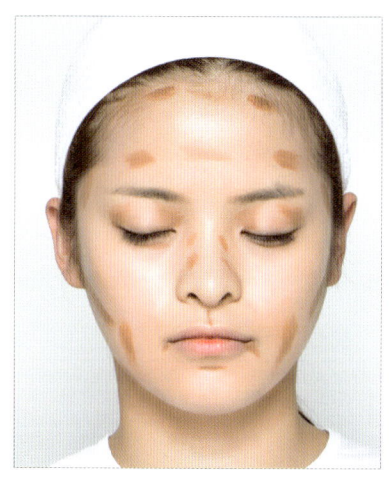

1 이마, 관자놀이, 아이홀, 노즈, 광대뼈, 볼 부위의 섀딩을 발라주고 그라데이션 하여 굴곡을 표현합니다.

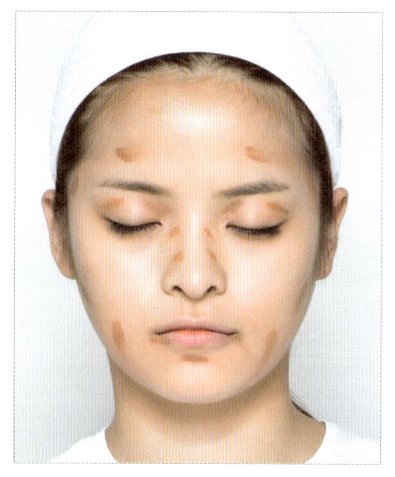

2 입체감 있는 굴곡표현을 위해 섀딩을 그라데이션 한 부위에 한 번 더 발라 깊이감을 줍니다.

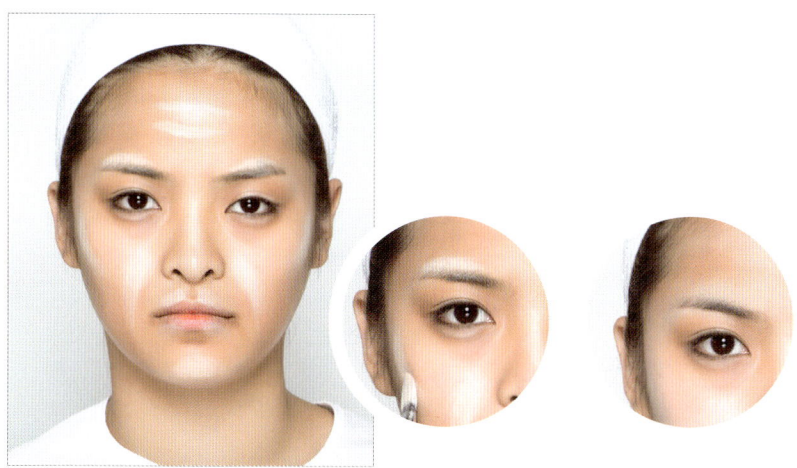

3 하이라이트 컬러로 돌출 부분을 표현합니다.

4 갈색 펜슬을 사용하여 섀딩의 깊이감을 줍니다.
tip_ 펜슬이 뭉치지 않도록 그라데이션 한다. 부드러운 타입을 사용한다.

③ 주름 표현

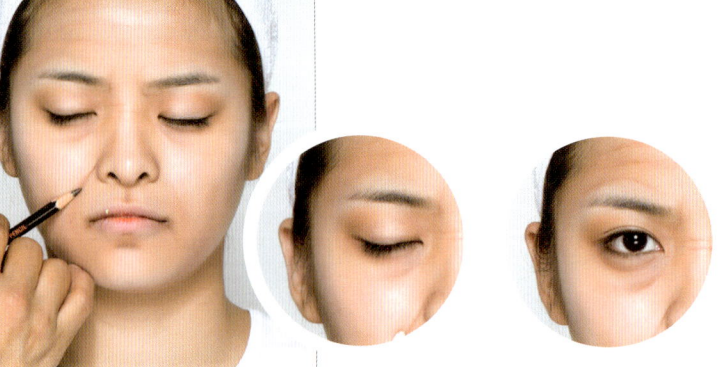

1 브라운 계열의 아이섀도를 사용하여 주름에 음영을 줍니다.

2 좀 더 선명하게 표현하고자 하는 주름은 갈색 펜슬을 사용하여 강조합니다.
tip_ 주름의 끝은 가늘어 지도록 표현하며 면봉을 이용하여 선을 그라데이션 하거나 가늘게 표현할 수 있다.

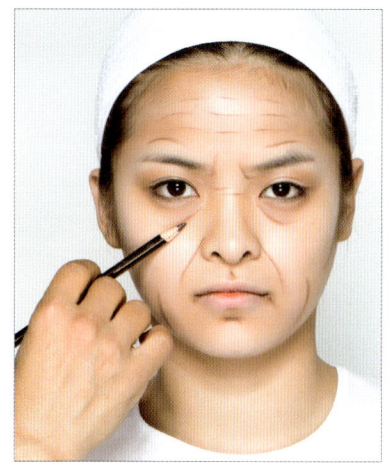

3 갈색 펜슬을 사용하여 이마, 눈썹 위, 미간, 콧등, 눈 밑, 코 옆, 볼, 입가의 큰주름을 표현합니다.

4 갈색 펜슬을 사용하여 눈가의 잔주름을 표현합니다.

4 마무리

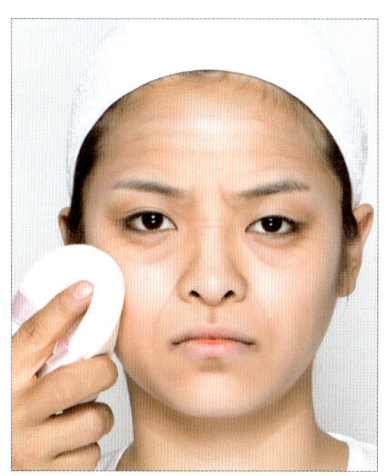
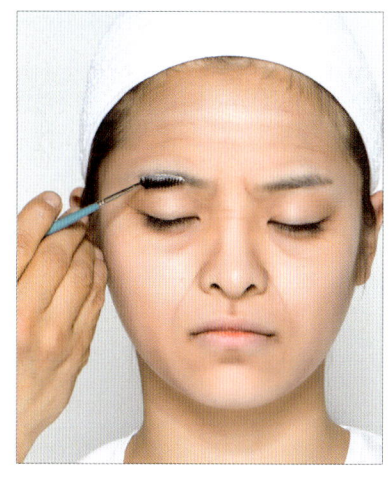

1 파우더를 가볍게 발라줍니다.

2 눈썹은 강하지 않게 회갈색을 이용하여 표현합니다.
tip_ 모델 눈썹이 풍성할 경우 스크류브러시에 화이트 파운데이션을 묻혀 눈썹에 발라준다. 눈썹이 많지 않을 경우 회갈색 아이섀도를 이용하여 그려준다.

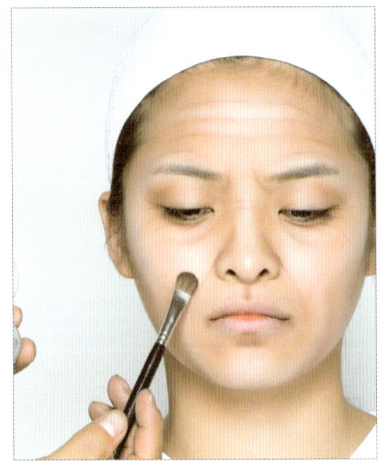

3 밝은색 아이섀도를 사용하여 하이라이트를 강조합니다.

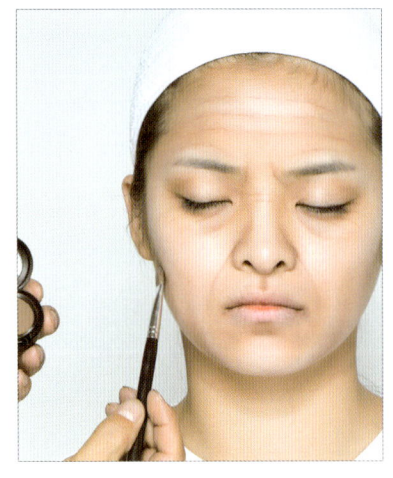

4 브라운색 아이섀도를 사용하여 얼굴의 굴곡을 깊이감 있게 표현합니다.

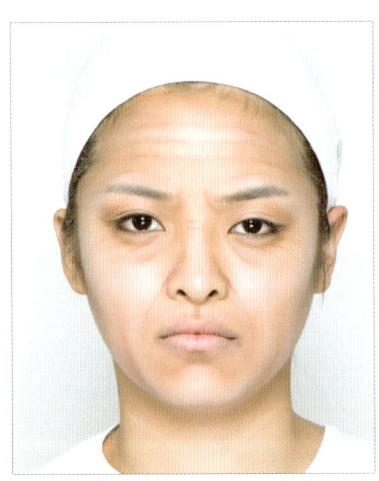

5 립 컬러는 네추럴 베이지를 이용하여 아랫입술이 윗입술보다 두껍지 않게 표현합니다.

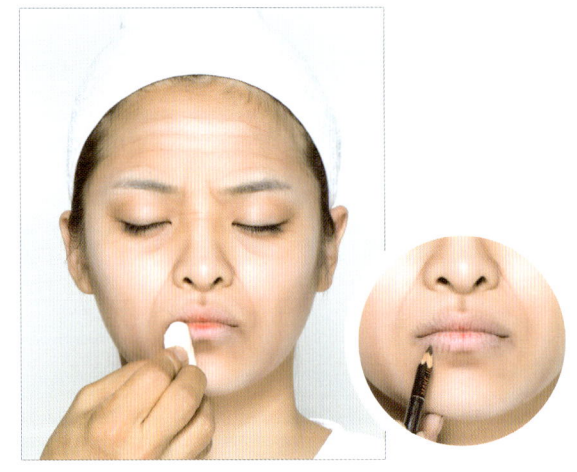

6 파운데이션과 펜슬을 이용하여 주름을 표현합니다.

tip_ 펜슬을 이용하여 입술의 주름을 표현할 수 있다. 입술 주름을 표현할 땐 입술을 오므리게 하여 밝은색 파운데이션을 발라준다.

5 완성

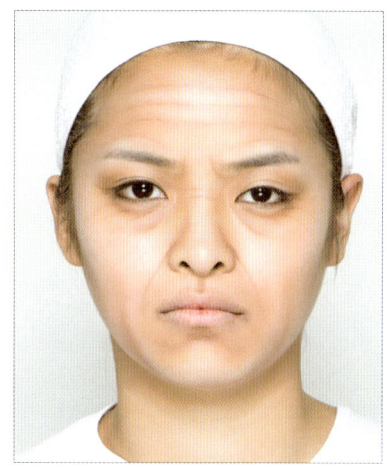
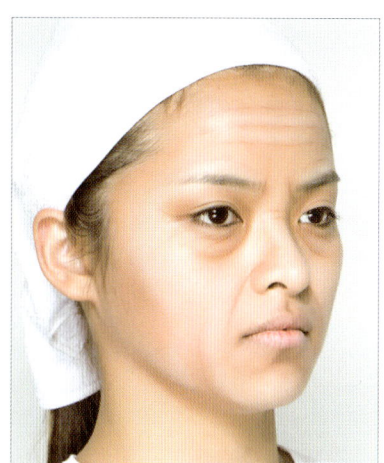
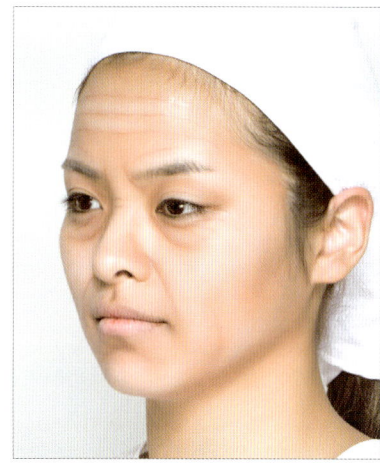

속눈썹 익스텐션 및 수염

Part 4

4교시 | 속눈썹 익스텐션

속눈썹 연장은 인모 한 모에 가모 한 모를 연장하여 속눈썹의 길이를 연장하는 것이다. 눈매를 그윽하게 하며 눈이 커 보이는 효과를 지닌다. 컬의 종류와 굵기, 길이, 색상이 다양하므로 고객의 눈매와 요청에 맞춰 시술하여야 한다.

● 속눈썹 연장에 필요한 재료

1. 속눈썹 가모

1) 원사에 따른 종류

① 합성모
- 일반모 : 가공열처리를 많이 하여 무거움이 느껴진다.
- 실크모 : 실크원사는 아니지만 PBT(Poly butylene terephthalate fiber)로 가공 열처리를 하여 광택이 자연스럽고 컬 유지력이 뛰어나며 탄성과 부드러움이 좋다.

② 천연모

합성섬유 가모보다 가볍고 자연스러운 시술이 가능하다. 천연모, 단백질모, 케라틴모, 인모 등의 이름으로 유통되고 있다.
- 인모 : 합성모보다 유지기간이 길고 가볍다.
- 동물 털을 사용한모 : 동물의 털을 사용하여 만든 천연모로 돼지, 토끼, 낙타, 밍크 등의 모를 사용한다.

2) 굵기와 길이에 따른 분류

굵기/T	0.07	0.10	0.12	0.15	0.18	0.20	0.25

속눈썹의 가모는 고객의 속눈썹 상태에 따라 사용되며 미용사 국가자격증 시험에서는 0.15~0.20T굵기의 모를 사용하여야 한다.

길이/mm	5~7mm	8mm	9mm	10mm	11mm	12mm	13mm	14mm

속눈썹 연장시술에 필요한 가모의 길이는 짧게는 5mm에서 길게는 17mm까지도

있다. 일반적으로 10~11mm길이의 가모를 선호하며 언더 속눈썹에는 5~7mm길이의 가모를 사용한다. 국가자격증 시험용으로는 8~12mm길이의 속눈썹가모를 사용하여 자연스러운 부채꼴 형태의 속눈썹형태로 완성한다.

3) 컬에 따른 분류

컬	모양	설명
J컬		가장 자연스러운 컬링으로 일반적으로 많이 사용된다. (국가자격증 실기시험 시 사용된다.)
JC컬		J컬보다 살짝 높은 형태이다.
C컬		속눈썹 끝이 많이 올라간 형태로 눈을 크고 동그랗게 보이게 해준다.
CC컬		아이래시 컬러로 올린 듯한 형태로 눈매나 속눈썹이 처진 경우에 사용한다.
L컬		속눈썹이 앞으로 돌출되어 올라간 형태로 눈두덩에 지방층이 두껍고 눈이 처진 경우에 사용된다.

2. 속눈썹 글루

1) KC마크 (Korea Certification mark)
속눈썹 연장 시술에 사용되는 글루는 인체에서도 예민한 부위에 사용되는 것으로 인체에 무해한 재질로 만들어진 제품을 사용하여야 함으로 안전성을 인정받은 글루를 이용하여 시술하는 것을 원칙으로 한다.

2) 글루의 보관 및 사용방법
- 글루를 사용하기 전 침전현상을 없애기 위하여 좌우로 30회 이상 흔들어 사용한다.
- 사용한 글루는 입구를 깨끗이 닦은 후 뚜껑을 닫는다.
- 글루는 세워서 보관하며 서늘한 곳에 보관하거나 냉장 보관한다.
- 가모에 글루가 멍울지지 않도록 하며 멍울이 생겼을 경우 글루판에 글루를 덜어낸 후 시술한다.

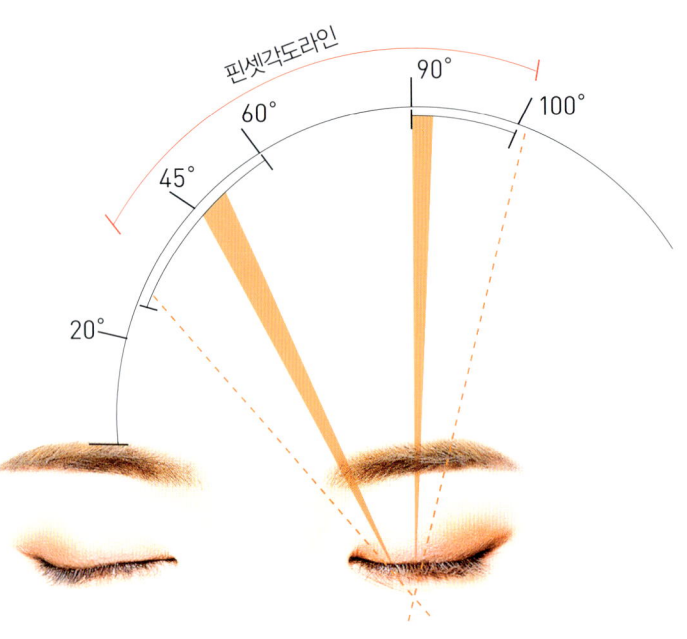

〈핀셋의 방향과 각도〉

3. 핀셋
시술에 필용한 핀셋은 일자핀셋과 곡자핀셋이다. 일자핀셋은 인모를 가를 때 사용하며 곡자핀셋은 가모를 붙일 때 사용한다.

4. 전처리제
속눈썹 연장 시술 전에 인모에 남아있는 유분과 먼지 등을 제거하기 위해 사용된다. 유분을 제거해 줌으로써 속눈썹가모의 밀착력을 높여 연장시술의 지속력을 높여준다.

5. 리무버
연장시술 후 속눈썹 가모가 분리될 수 있도록 해주는 제품으로 액체, 젤, 크림타입이 있다. 액체타입은 흘러내려 눈에 들어갈 수 있으므로 사용 시 주의하도록 한다.

6. 아이패치
속눈썹 연장 시 언더라인의 속눈썹을 가리는 용도로 사용되나 보습, 주름개선 및 다크서클 완화 기능도 함유된 제품을 사용하기도 한다.

8. 글루판
글루를 덜어 사용하는 용기로 옥돌과 크리스탈을 사용한다.

4과제 속눈썹 익스텐션 배점적용

준비 및 위생	숙련도 및 기법		완성도 (조화미)	총점
	도구사용	연장속눈썹 (J컬 및 글루)		
3	4	4	4	15

과제명

속눈썹 익스텐션 (왼쪽)

시험시간 25분 배점 15점

① 요구사항

※ 지참재료 및 도구를 사용하여 아래의 요구사항에 따라 속눈썹 연장술을 시험시간 내에 완성하시오.

가. 5~6mm의 인조 속눈썹이 부착된 마네킹을 준비하시오.
나. 과제를 수행하기 전 수험자의 손 및 도구류와 마네킹의 작업 부위를 소독한 후 적절한 위치에 아이패치를 부착하시오.
다. 일회용 도구를 사용하여 전 처리제를 균일하게 도포하시오.
라. 연장하는 속눈썹을 J컬 타입으로 길이 8, 9, 10, 11, 12mm, 두께 0.15~0.2mm의 싱글모를 사용하시오.
마. 제시된 도면과 같이 전체적으로 중앙이 길어 보이는 라운드형(부채꼴 디자인)의 속눈썹 익스텐션 (왼쪽)을 완성하시오.
바. 마네킹에 부착된 속눈썹 한 개당 하나의 속눈썹(J컬)만 연장하시오.
사. 5가지 길이(8, 9, 10, 11, 12mm)의 속눈썹(J컬)을 모두 사용하여 자연스러운 디자인이 되도록 완성하시오.
아. 모근에서 1mm~1.5mm를 반드시 떨어뜨려 부착하시오.
자. 왼쪽 인조 속눈썹에 최소 40가닥 이상의 속눈썹 (J컬)을 연장하시오(단, 눈 앞머리 부분의 속눈썹 2~3가닥은 연장하지 마시오).

② 수험자 유의사항

1) 모델은 문신(눈썹, 아이라인, 입술 등), 속눈썹 연장 및 메이크업이 되어 있지 않은 상태이어야 합니다.
2) 스파출라, 속눈썹 가위, 족집게, 눈썹칼 등의 도구류를 사용 전 소독제로 소독해야 합니다.
3) 메이크업 베이스, 파운데이션을 펴 바를 때 스펀지 퍼프 또는 브러시를 사용하시오.
4) 아이섀도, 치크, 립 등의 표현 시 등 적합한 도구를 사용하시오.
5) 화장품은 요구사항에 지정된 제형 외에는 타입에 상관없이 자유롭게 사용하시오.

자격종목	미용사(메이크업)	과제명	속눈썹 익스텐션 (왼쪽)	척도	NS

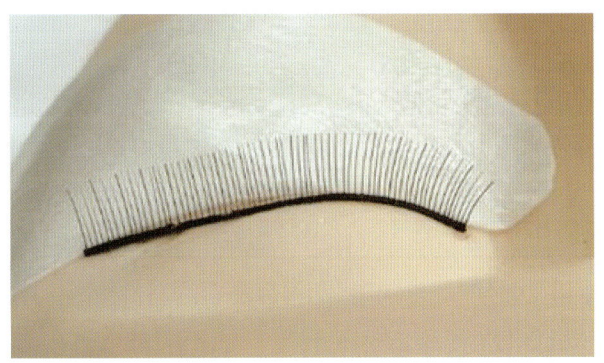 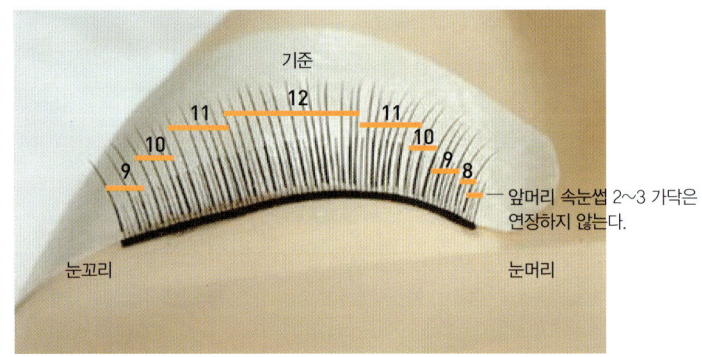

4과제

1. 속눈썹 익스텐션 (왼쪽)

사전 준비	· 5~6mm의 인조 속눈썹이 부착된 마네킹을 준비한다
소독 및 전 처리	· 과제를 수행하기 전 수험자의 손 및 도구류와 마네킹의 작업부위를 소독한다. · 적절한 위치에 아이패치를 부착한다. · 1회용 도구를 사용하여 전 처리제를 균일하게 도포한다.
속눈썹 익스텐션	· J컬 타입으로 8,9,10,11,12mm, 두께 0.15~0.2mm의 싱글모를 사용한다. · 마네킹에 부착된 속눈썹 한 개당 하나의 속눈썹(J컬)을 모두 사용하여 자연스럽게 디자인 한다. · 모근에서 1mm~1.5mm를 떨어뜨려 부착한다. · 왼쪽 속눈썹에 최소 40가닥 이상의 속눈썹을 연장한다. · 눈 앞머리 부분의 속눈썹 2~3개닥은 연장하지 않는다. · 중앙이 길어보이는 라운드형(부채꼴)의 속눈썹 익스텐션(왼쪽)을 완성한다.

재료

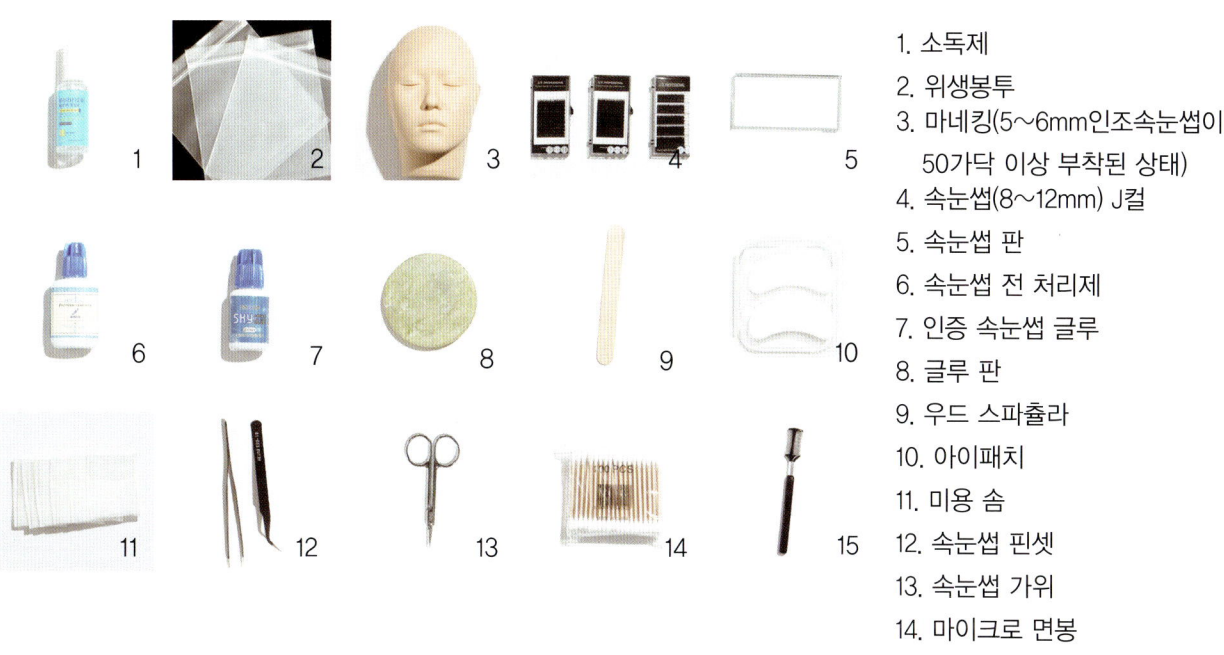

1. 소독제
2. 위생봉투
3. 마네킹(5~6mm 인조속눈썹이 50가닥 이상 부착된 상태)
4. 속눈썹(8~12mm) J컬
5. 속눈썹 판
6. 속눈썹 전 처리제
7. 인증 속눈썹 글루
8. 글루 판
9. 우드 스파츌라
10. 아이패치
11. 미용 솜
12. 속눈썹 핀셋
13. 속눈썹 가위
14. 마이크로 면봉
15. 속눈썹 빗

속눈썹 익스텐션 (왼쪽)

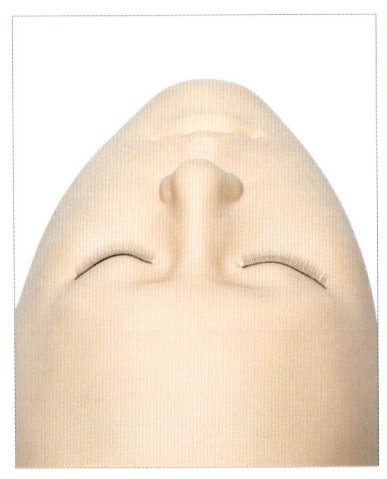

1 마네킹에 5~6mm 인조 속눈썹을 붙여서 시험에 임합니다.

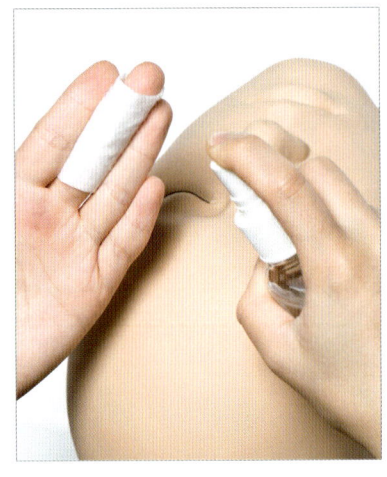

2 수험자의 손과 작업부위에 소독을 합니다.

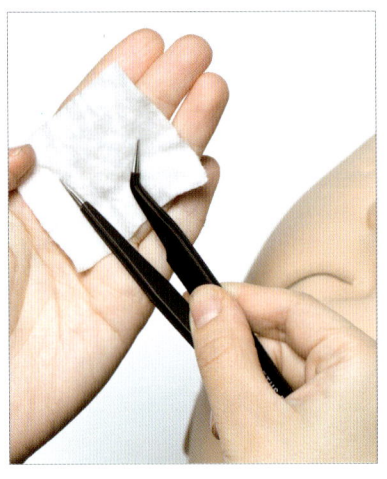

3 시술시 필요한 도구류를 소독합니다.

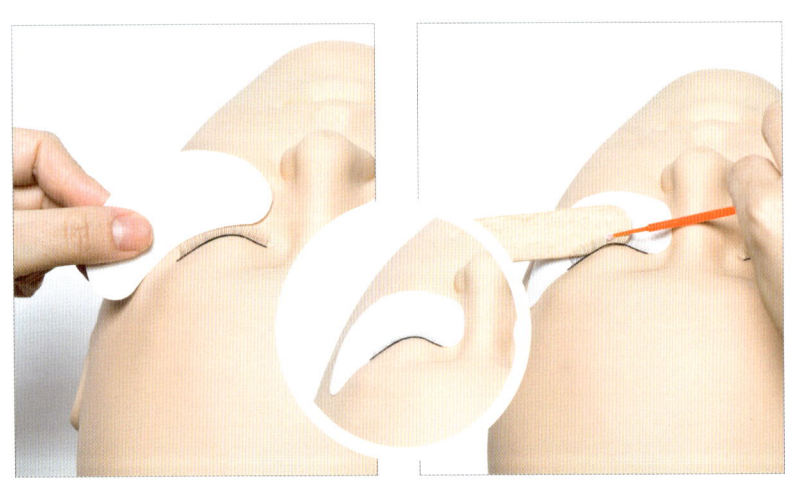

4 아이패치를 부착합니다.

5 전처리제가 눈에 들어가지 않도록 나무 스파츌라를 속눈썹 아래에 받친 후 면봉으로 균일하게 도포합니다.

6 글루를 좌우로 충분히 흔든 후 글루판에 적당량을 덜어줍니다.

7 속눈썹은 길이 순서대로 판에 붙여서 시험에 임합니다.

8 떼어낸 가모를 사선으로 잡아 글루를 묻힙니다.
tip_ 글루에 밀 듯 발라주고 가모에 글루가 맺힌 경우 글루판에 글루를 덜어낸다.

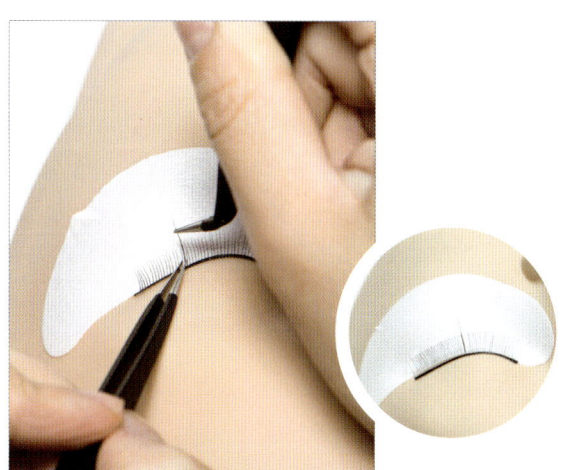

9 핀셋을 이용하여 인조 속눈썹 중앙을 가른 후 12mm가모를 부착합니다.
tip_ 글루를 묻힌 부위를 인조 속눈썹에 한 번 쓸어주고 2/3지점부터 45°각도로 밀 듯 부착시킨다. 이 때 아이라인에서 1~1.5mm정도 떨어진 곳에 부착시킨다.

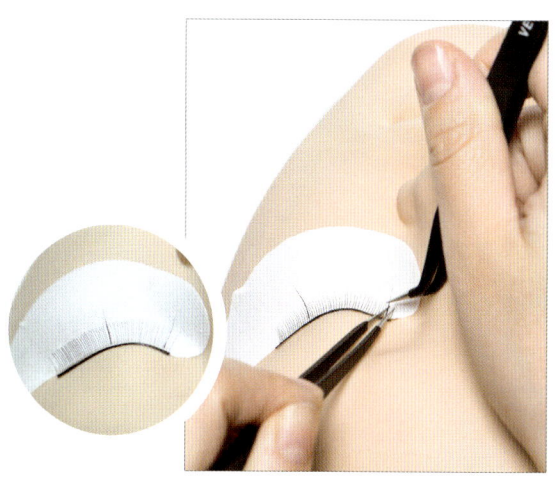

10 8mm가모를 눈 앞머리에 부착합니다.
tip_ 눈 앞머리 인조 속눈썹 2~3개는 가모를 부착하지 않는다.

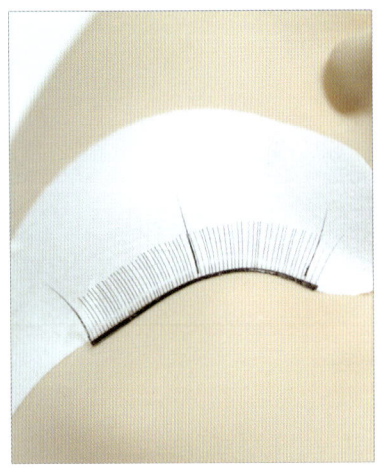

11 9mm가모를 인조 속눈썹 꼬리 끝 모에 부착합니다.

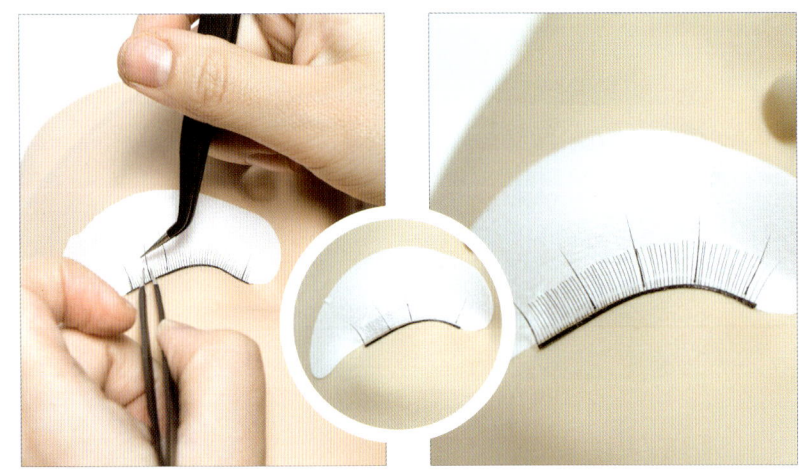

12 11mm가모를 인조 속눈썹 중앙에 붙였던 12mm가모와 꼬리 끝 모 9mm 사이에 부착합니다.

13 11mm가모를 인조 속눈썹 중앙에 붙였던 12mm가모와 가장 앞 모 8mm사이에 부착합니다.

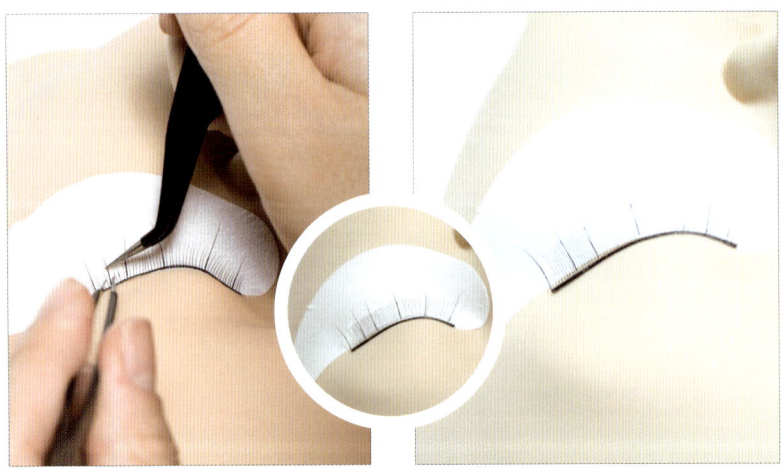

14 10mm가모를 인조 속눈썹 꼬리 끝 모 9mm 가모와 11mm가모 사이에 부착합니다.

15 10mm가모를 인조 속눈썹 눈 앞머리 8mm가모와 11mm가모 사이에 부착합니다.

16 12mm가모를 인조 속눈썹 중앙에 있는 12mm가모와 좌·우에 있는 11mm가모 사이에 부착합니다.

17 부착되지 않은 곳에 가모를 중앙이 길고 좌·우로 갈수록 길이가 짧아지는 부채꼴 디자인이 될 수 있도록 가모를 부착합니다.

과제명

속눈썹 익스텐션 (오른쪽)

시험시간 25분 배점 15점

❶ 요구사항

※ 지참재료 및 도구를 사용하여 아래의 요구사항에 따라 속눈썹 연장술을 시험시간 내에 완성하시오.

가. 5~6mm의 인조 속눈썹이 부착된 마네킹을 준비하시오.
나. 과제를 수행하기 전 수험자의 손 및 도구류와 마네킹의 작업 부위를 소독한 후 적절한 위치에 아이패치를 부착하시오.
다. 일회용 도구를 사용하여 전 처리제를 균일하게 도포하시오.
라. 연장하는 속눈썹을 J컬 타입으로 길이 8, 9, 10, 11, 12mm, 두께 0.15~0.2mm의 싱글모를 사용하시오.
마. 제시된 도면과 같이 전체적으로 중앙이 길어 보이는 라운드형(부채꼴 디자인)의 속눈썹 익스텐션 (오른쪽)을 완성하시오.
바. 마네킹에 부착된 속눈썹 한 개당 하나의 속눈썹(J컬)만 연장하시오.
사. 5가지 길이(8, 9, 10, 11, 12mm)의 속눈썹(J컬)을 모두 사용하여 자연스러운 디자인이 되도록 완성하시오.
아. 모근에서 1mm~1.5mm를 반드시 떨어뜨려 부착하시오.
자. 오른쪽 인조 속눈썹에 최소 40가닥 이상의 속눈썹 (J컬)을 연장하시오(단, 눈 앞머리 부분의 속눈썹 2~3가닥은 연장하지 마시오).

❷ 수험자 유의사항

1) 모델은 문신(눈썹, 아이라인, 입술 등), 속눈썹 연장 및 메이크업이 되어 있지 않은 상태이어야 합니다.
2) 스파출라, 속눈썹 가위, 족집게, 눈썹칼 등의 도구류를 사용 전 소독제로 소독해야 합니다.
3) 메이크업 베이스, 파운데이션을 펴 바를 때 스펀지 퍼프 또는 브러시를 사용하시오.
4) 아이섀도, 치크, 립 등의 표현 시 등 적합한 도구를 사용하시오.
5) 화장품은 요구사항에 지정된 제형 외에는 타입에 상관없이 자유롭게 사용하시오.

| 자격종목 | 미용사(메이크업) | 과제명 | 속눈썹 익스텐션 (오른쪽) | 척도 | NS |

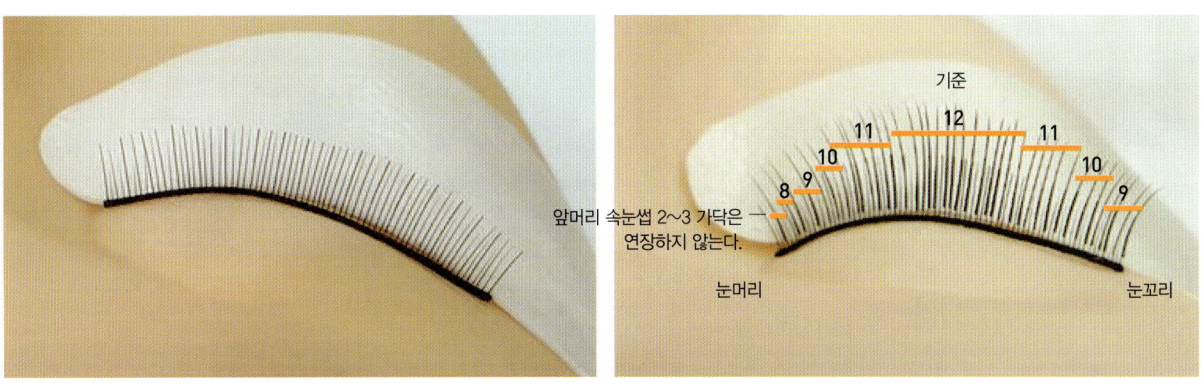

2. 속눈썹 익스텐션 (오른쪽)

사전 준비	· 5~6mm의 인조 속눈썹이 부착된 마네킹을 준비한다
소독 및 전 처리	· 과제를 수행하기 전 수험자의 손 및 도구류와 마네킹의 작업부위를 소독한다. · 적절한 위치에 아이패치를 부착한다. · 1회용 도구를 사용하여 전 처리제를 균일하게 도포한다.
속눈썹 익스텐션	· J컬 타입으로 8,9,10,11,12mm, 두께 0.15~0.2mm의 싱글모를 사용한다. · 마네킹에 부착된 속눈썹 한 개당 하나의 속눈썹(J컬)을 모두 사용하여 자연스럽게 디자인한다. · 모근에서 1mm~1.5mm를 떨어뜨려 부착한다. · 오른쪽 속눈썹에 최소 40가닥 이상의 속눈썹을 연장한다. · 눈 앞머리 부분의 속눈썹 2~3개닥은 연장하지 않는다. · 중앙이 길어보이는 라운드형(부채꼴)의 속눈썹 익스텐션(오른쪽)을 완성한다.

속눈썹 익스텐션 (오른쪽)

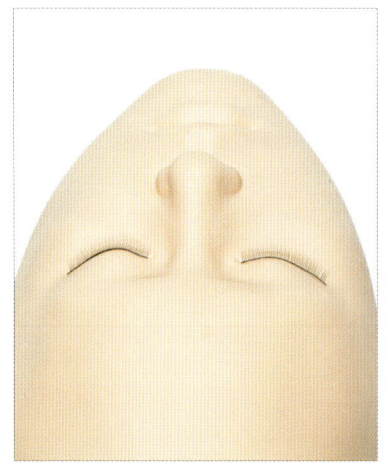

1 마네킹에 5~6mm 인조 속눈썹을 붙여서 시험에 임합니다.

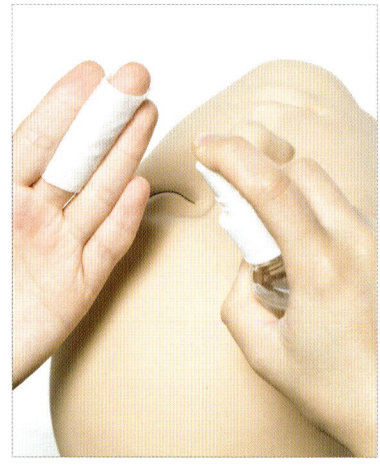

2 수험자의 손과 작업부위에 소독을 합니다.

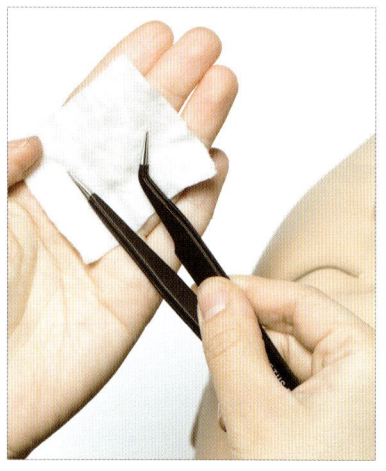

3 시술시 필요한 도구류를 소독합니다.

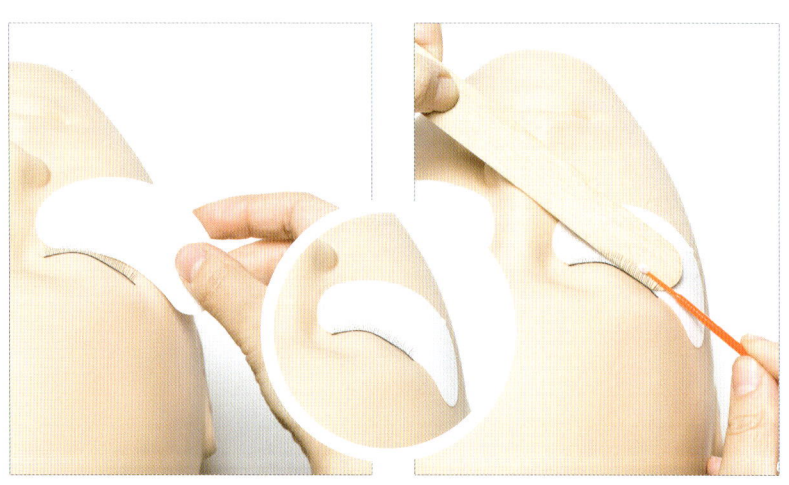

4 아이패치를 부착합니다.

5 전처리제가 눈에 들어가지 않도록 나무 스파츌라를 속눈썹 아래에 받친 후 면봉으로 균일하게 도포합니다.

6 글루를 좌우로 충분히 흔든 후 글루판에 적당량을 덜어줍니다.

7 속눈썹은 길이 순서대로 판에 붙여서 시험에 임합니다.

8 떼어낸 가모를 사선으로 잡아 글루를 묻힙니다.
*tip_* 글루에 밀 듯 발라주고 가모에 글루가 맺힌 경우 글루판에 글루를 덜어냅니다.

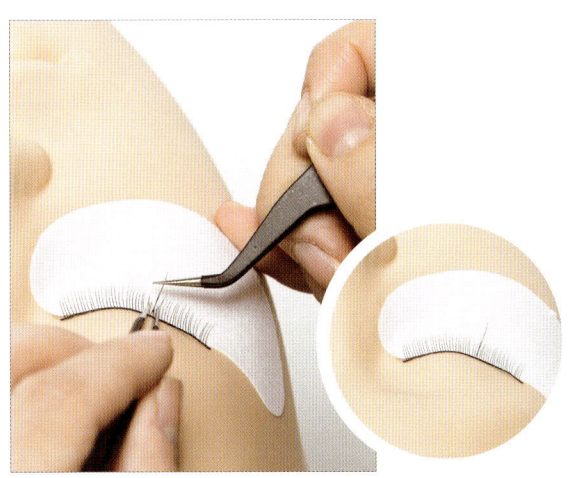

9 핀셋을 이용하여 인조 속눈썹 중앙을 가른 후 12mm가모를 부착합니다.
*tip_* 글루를 묻힌 부위를 인조 속눈썹에 한 번 쓸어주고 2/3지점부터 45°각도로 밀 듯 부착시킨다. 이 때 아이라인에서 1~1.5mm정도 떨어진 곳에 부착시킨다.

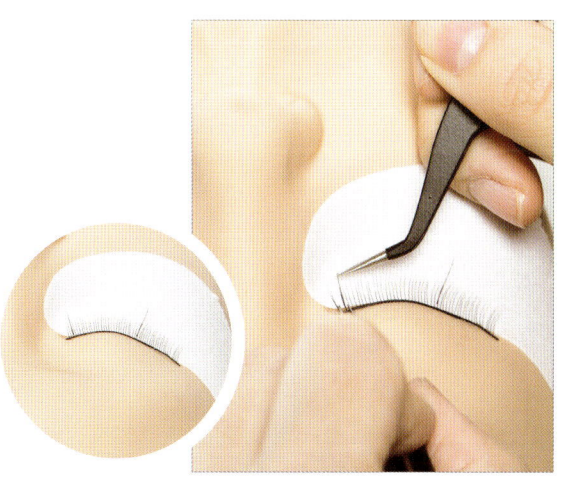

10 8mm가모를 눈 앞머리에 부착합니다.
*tip_* 눈 앞머리 인조 속눈썹 2~3개는 가모를 부착하지 않는다.

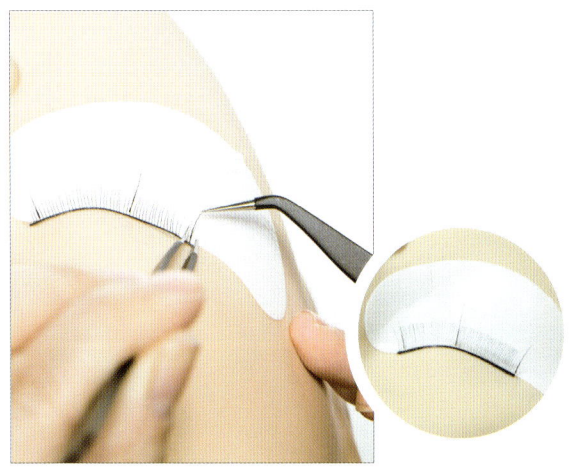

11 9mm가모를 인조 속눈썹 꼬리 끝 모에 부착합니다.

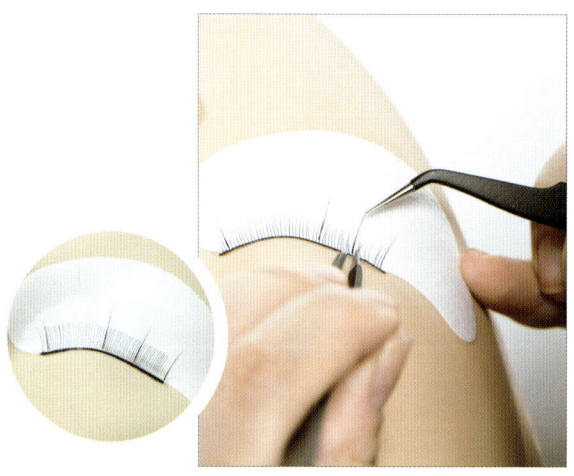

12 11mm가모를 인조 속눈썹 중앙에 붙였던 12mm가모와 꼬리 끝 모 9mm 사이에 부착합니다.

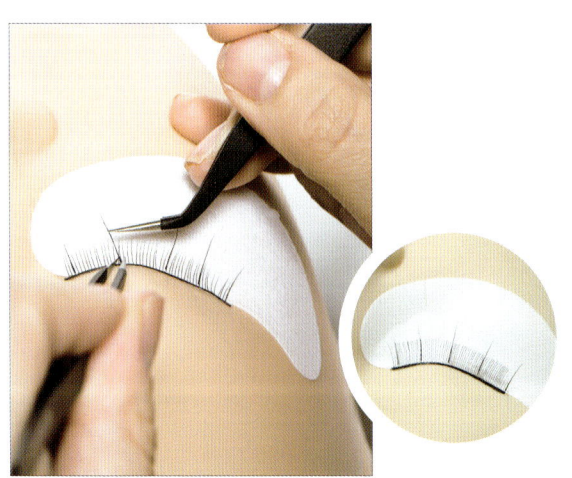

13 11mm가모를 인조 속눈썹 중앙에 붙였던 12mm가모와 가장 앞 모 8mm사이에 부착합니다.

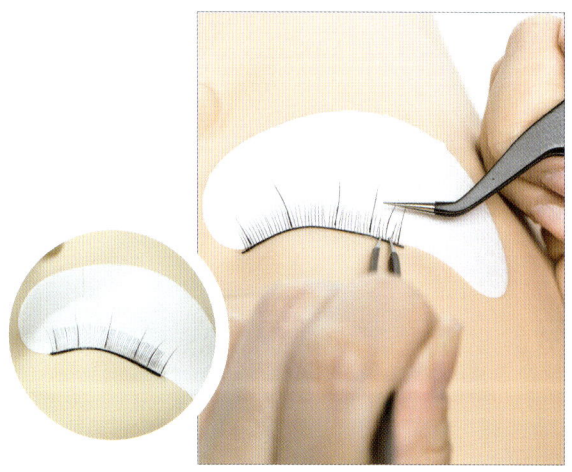

14 10mm가모를 인조 속눈썹 꼬리 끝 모 9mm 가모와 11mm가모 사이에 부착합니다.

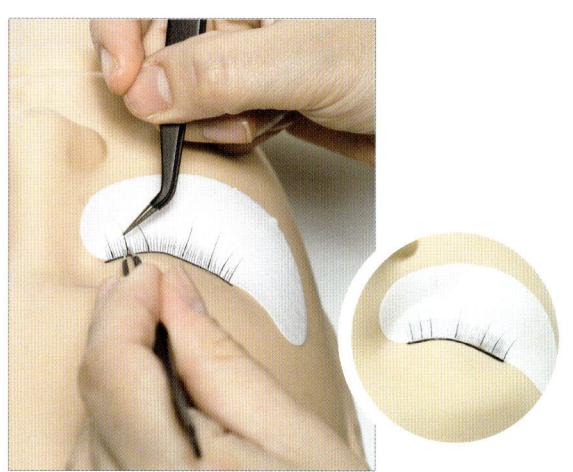

15 10mm가모를 인조 속눈썹 눈 앞머리 8mm가모와 11mm가모 사이에 부착합니다.

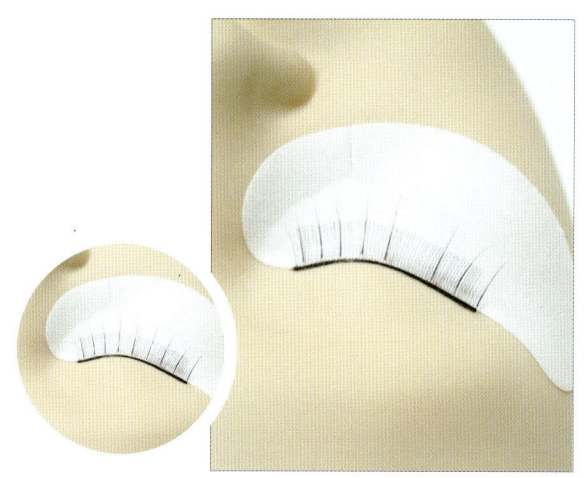

16 10mm가모를 인조 속눈썹 중앙에 있는 12mm가모와 좌·우에 있는 11mm가모 사이에 부착합니다.

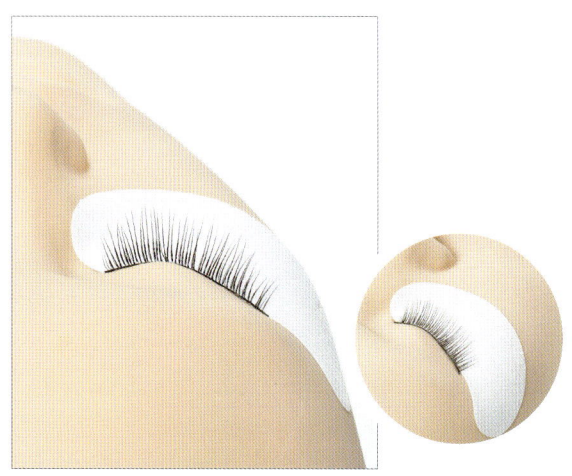

17 부착되지 않은 곳에 가모를 중앙이 길고 좌·우로 갈수록 길이가 짧아지는 부채꼴 디자인이 될 수 있도록 가모를 부착합니다.

미디어 익스텐션(수염)

1. 수염의 재료 및 도구

1) 수염의 재료

- 생사 : 누에고치에 염색을 하여 만든 것으로 부드러우며 자연스러운 느낌을 연출할 수 있다. 그러나 습기에 약하고 윤기가 부족하며 모양이 흐트러지기 쉽다.
- 인조사 : 나이론으로 만든 것으로 다양한 색상과 굵기가 있다. 형태유지가 잘 되고 습기에 강하나 인위적인 느낌이 난다. 생사와 혼합하여 사용하여 단점을 보완한다. 직모이므로 세 가닥으로 땋아 수분을 준 뒤 전자레인지에서 5분 정도 열을 가하여 사용한다.
- 크레이프 울 : 양털을 이용하여 만든 것으로 웨이브가 강하여 서양 수염 연출 시 주로 사용된다. 모 길이가 짧고 가늘며 다루기 수월하다.

2) 도구

- 스프리트 검(Sprit gum) : 송진 및 알코올을 이용하여 만든 것으로 수염 접착제로 사용된다.
- 쇠 브러시(Metal brush) : 수염을 빗어 정리할 때 정전기 발생을 저지하기 위하여 금속으로 된 빗과 브러시를 사용한다.
- 가위 : 수염의 길이조절 시 사용되며 헤어커트 가위를 사용하여야 수염이 밀리지 않고 정확하게 자를 수 있다.
- 핀셋 : 불필요한 수염을 골라내거나 모양이 흐트러진 것을 바로 잡을 때 사용한다.
- 헤어스프레이 : 수염 형태를 고정시킬 때 사용한다.

〈수염 붙이는 순서 A→O〉

4과제 수염 배점적용

준비 및 위생	숙련도 및 기법		완성도 (조화미)	총점
	수염 접착제 사용	수염연출		
3	3	5	4	15

과제명

미디어 익스텐션(수염)

시험시간 25분 배점 15점

❶ 요구사항

※ 지참재료 및 도구를 사용하여 아래의 요구사항에 따라 수염을 시험시간 내에 완성하시오.

가. 제시된 도면을 참고하여 현대적인 남성스타일을 연출하시오.
(단, 완성된 수염의 길이는 마네킹의 턱 밑 1~2cm 정도로 작업한다.)
나. 과제를 수행하기 전 수험자의 손 및 도구류와 마네킹의 작업부위를 소독하시오.
다. 수염 접착제(스프리트 검)를 균일하게 도포하여 마네킹의 좌우 균형, 위치, 형태를 주의하면서 사전에 가공된 상태의 수염을 붙이시오.
라. 수염의 양과 길이 및 형태는 도면과 같이 콧수염과 턱수염을 모두 완성하시오.
마. 빗과 핀셋으로 붙인 수염을 다듬은 후 고정 스프레이와 라텍스 등을 이용하여 스타일링 하시오.

❷ 수험자 유의사항

1) 마네킹에는 지정된 재료 및 도구 이외에는 사용할 수 없습니다.
2) 수염은 사전에 가공된 상태로 준비해야 합니다.
3) 핀셋, 가위 등의 도구류를 사용 전 소독제로 소독해야 합니다.

자격종목	미용사(메이크업)	과제명	미디어 익스텐션 (수염)	척도	NS

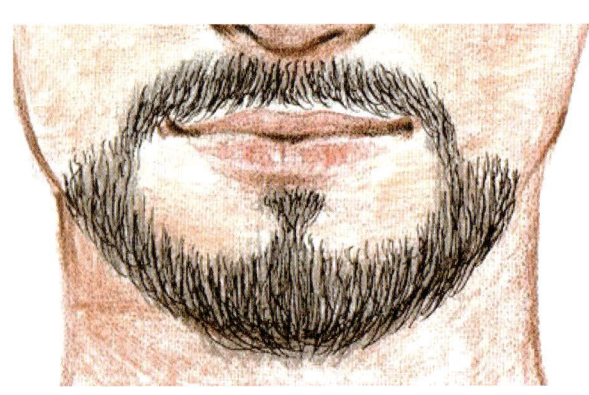 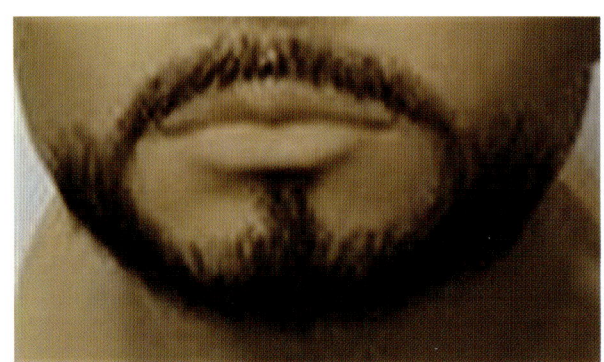

3. 미디어 수염

사전 준비	· 검정색 생사 또는 인조사를 1.5~2cm 정도로 가공하여 준비한다.
소독 및 전 처리	· 수험자의 손 및 도구류와 마네킹의 작업 부위를 소독한다. · 스프리트 검을 균일하게 도포한다. · 물에 젖은 거즈나 물티슈를 살짝 눌러준다.
수염 붙이기	· 마네킹의 좌우 균형, 위치, 형태를 주의하면서 수염을 붙인다. · 빗과 핀셋으로 수염을 정리하고 헤어스프레이로 고정시킨다.

재료

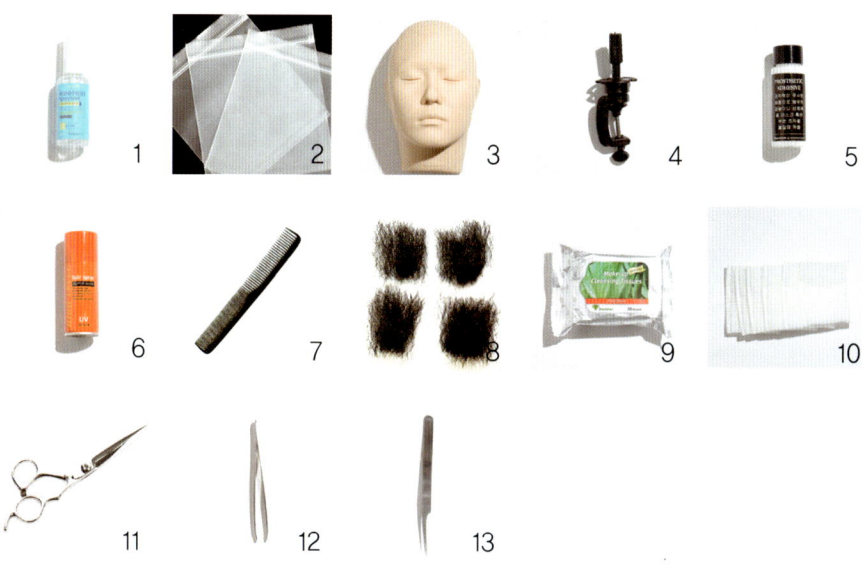

1. 소독제
2. 위생봉투
3. 마네킹
4. 홀더
5. 스프리트 검 또는 프로세이드
6. 고정용 스프레이
7. 꼬리빗 또는 쇠빗
8. 가공된 수염(검정색)
9. 물티슈 혹은 젖은 가제수건
10. 소독용 탈지면
11. 수염 가위
12. 족집게
13. 핀셋

미디어 익스텐션 (수염)

입실 전 수염 사전준비

1 사용할 만큼 적당한 양으로 분리하고 한쪽을 끈으로 묶어줍니다.

2 소량을 분리하여 세가닥 땋기를 합니다.
tip_ 인조사인 경우 물스프레이 후 전자레인지에 넣고 약 5분 정도 가열한다.

3 원하는 길이로 컷팅하여 줍니다.
tip_ 시험 규정상 완성된 수염의 길이는 1~2cm 정도이다.

4 땋아진 수염을 풀어줍니다.

5 빗으로 빗어 뭉침이 없이 하고 비슷한 길이로 정리하여 줍니다.
tip_ 쇠빗을 사용하면 정전기 발생을 방지할 수 있다.

6 사용하기 편하도록 정돈하여 줍니다.

미디어 수염

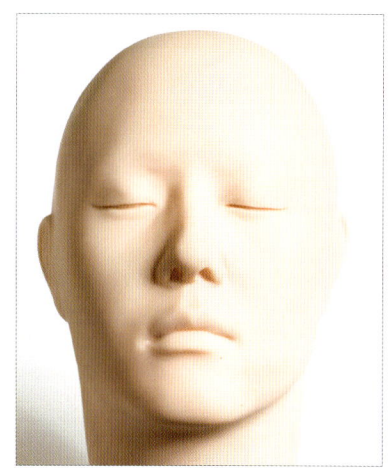

1 마네킹을 준비하여 홀더에 꽂아줍니다.

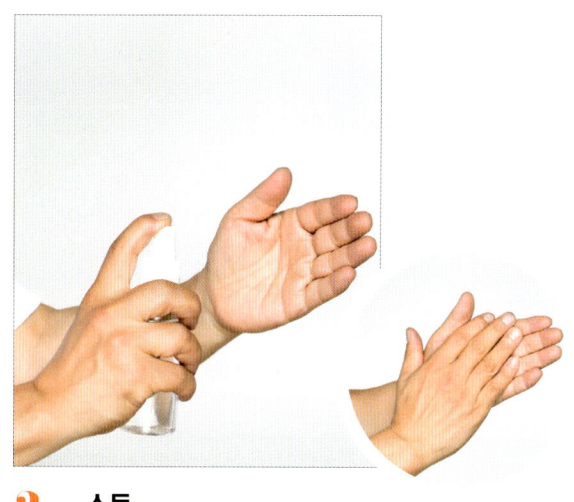

2 소독
과제를 수행하기 전 수험자의 손을 소독합니다.

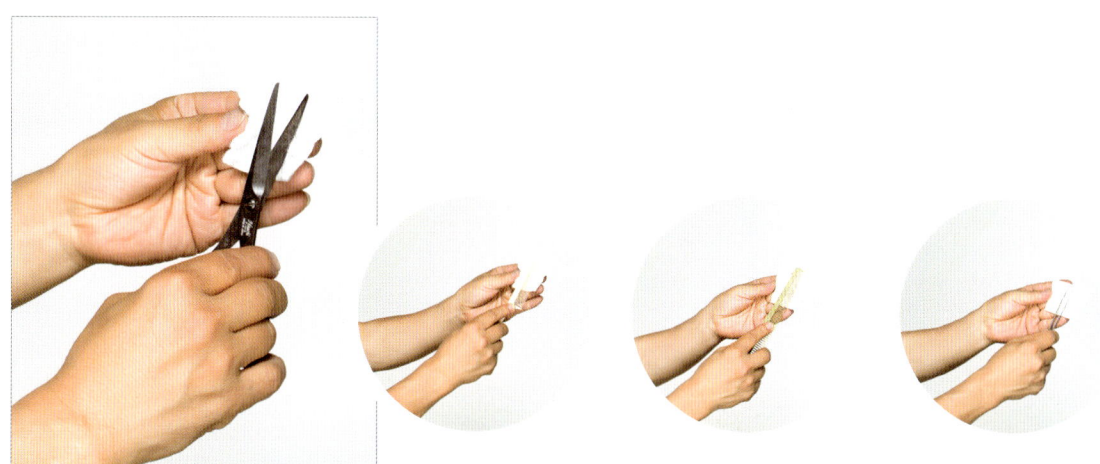

3 소독
핀셋, 가위, 빗 등의 도구류를 소독합니다.
tip_ 소독제를 탈지면에 분무하여 닦아 줍니다.

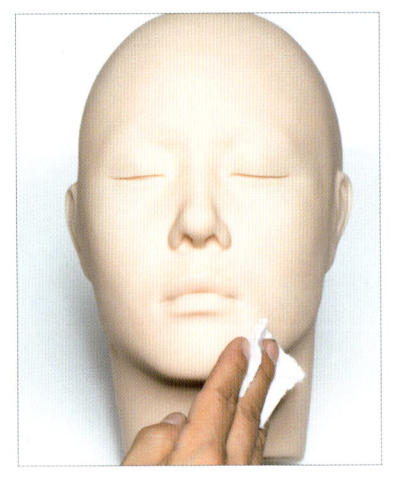

4 **소독**
마네킹의 작업 부위를 소독합니다.

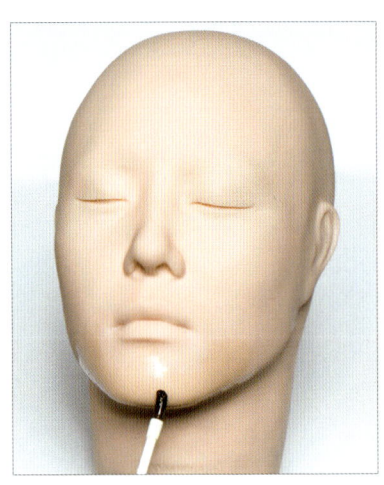

5 수염 접착제(스프리트 검)을 균일하게 도포하여 줍니다.

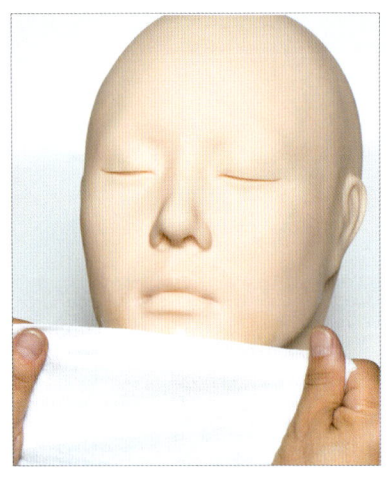

6 접착제를 도포한 부위를 젖은 거즈 및 물티슈를 이용하여 지긋이 눌러줍니다.
tip_ 접착제의 번들거림을 잡아주며 굳는 속도를 조절하기 위한 작업이다.

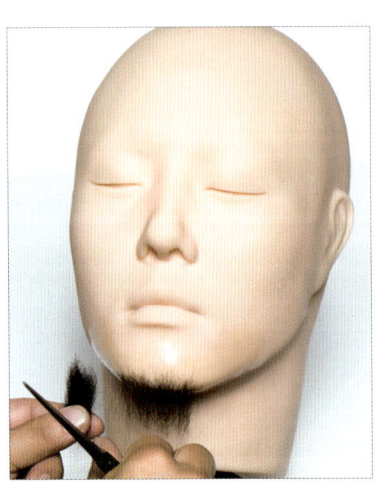

7 소량의 수염을 턱 밑 중심 부분부터 붙여줍니다.

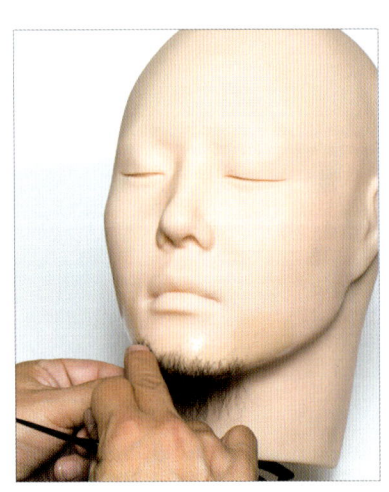

8 수염이 떨어지지 않도록 손가락 끝으로 살짝 눌러줍니다.

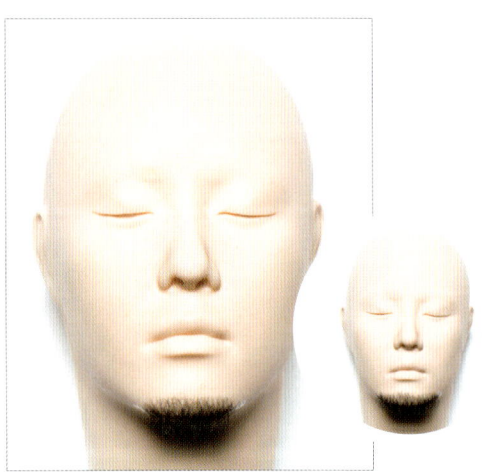

9 중심에서 좌·우로 퍼져나가듯 붙여줍니다.

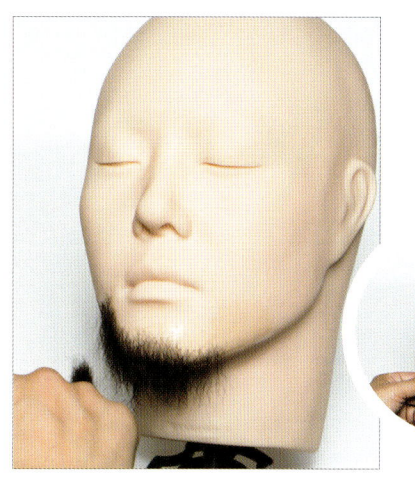
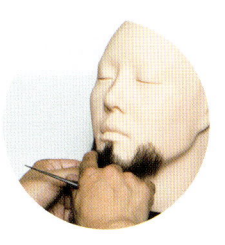

10 좌·우 균형 및 위치와 형태를 보면서 붙여줍니다.
  tip_ 수염이 너무 뭉쳐있지 않도록 주의한다.

11 수염이 부착된 부위를 젖은 거즈 및 물티슈로 지긋이 눌러줍니다.
  tip_ 밀착력을 높이기 위함이다.

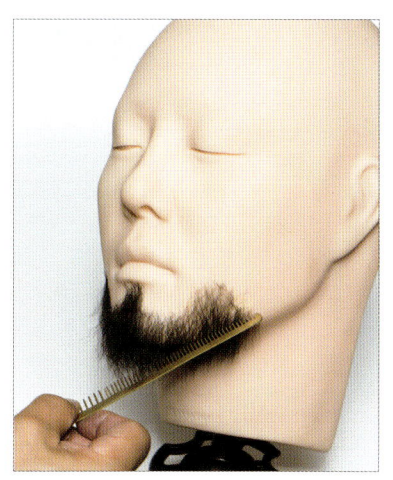
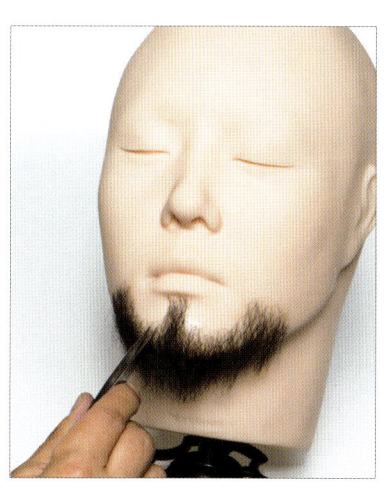
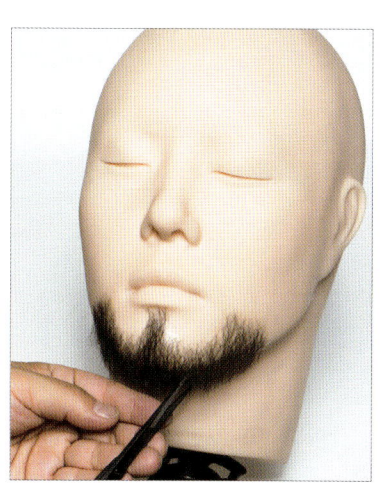

12 수염을 빗으로 빗어 가지런히 정리합니다.
  tip_ 쇠빗을 사용하면 정전기 발생을 방지할 수 있다.

13 불필요한 수염을 핀셋으로 제거하여 그라데이션 처리를 합니다.

14 가위로 수염의 길이를 정리하여 줍니다.

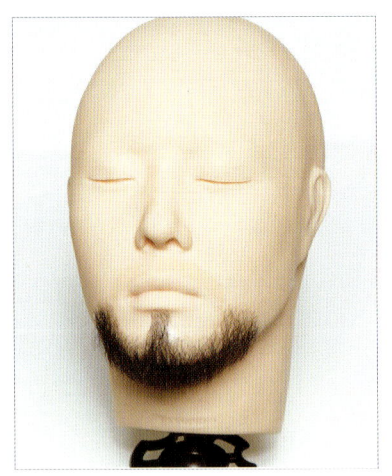

15 턱수염 완성된 모습

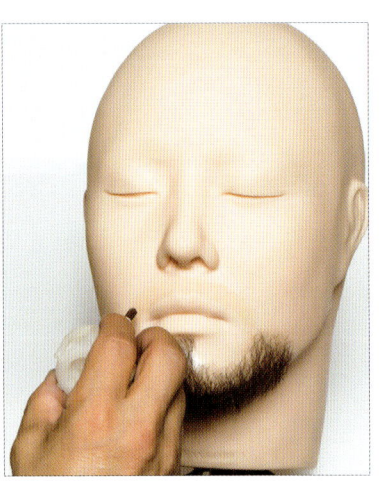

16 콧수염 붙일 부위에 접착제(스프리트 검)를 도포합니다.

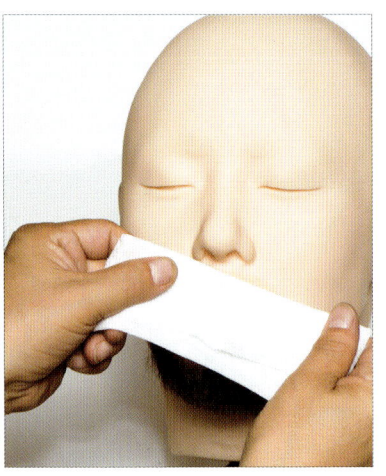

17 젖은 거즈 및 물티슈로 지긋이 눌러줍니다.

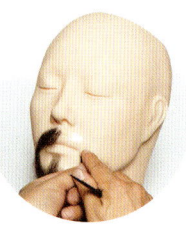
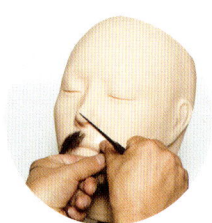

18 입술 구각부위부터 인중 방향으로 수염의 방향을 고려하여 붙여줍니다.
  tip_ 시옷(ㅅ)자 형태가 될 수 있도록 한다.

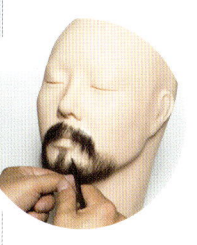

19 같은 방법으로 반대편에도 수염을 붙여줍니다.

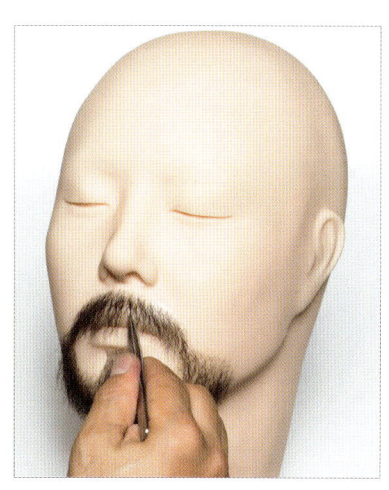

20 젖은 거즈 및 물티슈로 수염 접착부위를 지긋이 눌러줍니다.

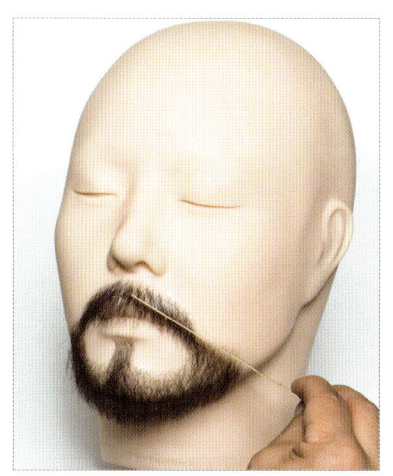

21 수염을 빗질합니다.

22 핀셋 작업 후 빗질하여 줍니다.

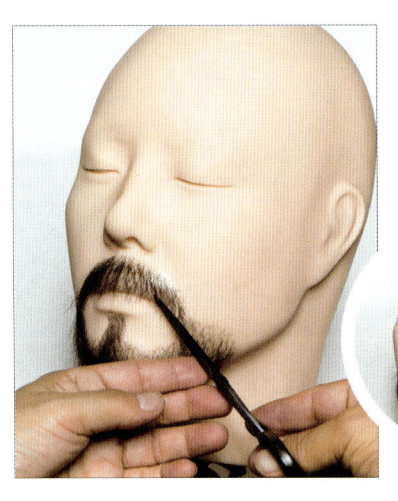 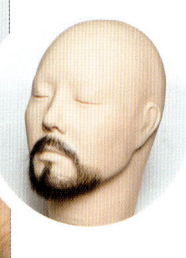 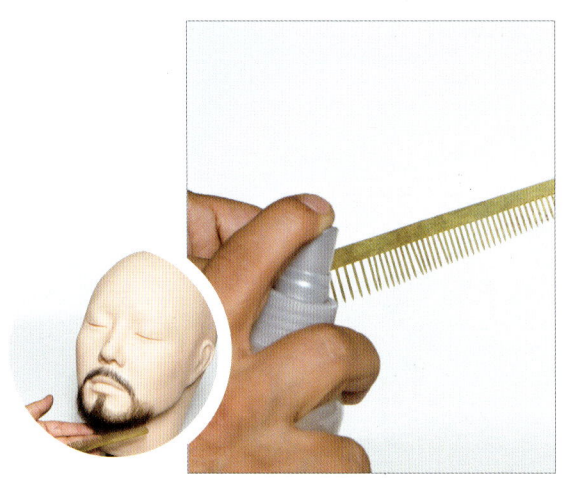

23 윗입술이 살짝 보이도록 가위를 이용하여 컷팅합니다.
tip_ 손가락으로 가위를 받쳐주어 입술에 상처가 나지 않도록 한다.

24 빗에 헤어스프레이를 뿌려 수염을 정돈합니다.

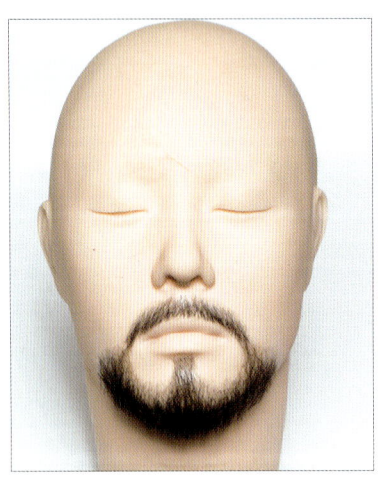

25 완성 상태